国家出版基金项目
绿色制造丛书
组织单位 | 中国机械工程学会

绿色设计系统集成技术

李方义　王黎明　田广东　著

U0179087

机械工业出版社
CHINA MACHINE PRESS

现有的绿色设计方法与技术研究多停留在单元工具与方法上，缺乏系统性与集成性，制约了绿色设计的推广和应用。

本书从全生命周期系统集成角度，提出绿色设计系统集成框架，分别面向绿色设计数据、方法、流程、使能工具集成问题展开剖析与论证，重点突破绿色设计数据规范化表达与集成，全生命周期统一建模与优化，绿色设计流程协同管理与融合，绿色设计使能工具互联、互操作等关键问题，通过各部分协作运行，构建基于云架构的绿色设计系统集成平台，有效支撑绿色设计在企业中的应用。

本书可作为普通高校机械设计制造及其自动化、工业工程、机械工程、环境工程、计算机应用技术等有关专业本科学生及研究生教材，也可作为企业从事有关产品设计理论研究、产品开发、结构设计等工程技术人员以及管理人员的培训或参考用书。

图书在版编目（CIP）数据

绿色设计系统集成技术/李方义，王黎明，田广东著. — 北京：机械工业出版社，2022.6

（国家出版基金项目·绿色制造丛书）

ISBN 978-7-111-70513-0

Ⅰ.①绿… Ⅱ.①李… ②王… ③田… Ⅲ.①机械设计–系统集成技术 Ⅳ.①TH12

中国版本图书馆 CIP 数据核字（2022）第 058009 号

机械工业出版社（北京市百万庄大街 22 号 邮政编码 100037）
策划编辑：郑小光　　　　　　责任编辑：郑小光　张翠翠　王 荣
责任校对：张晓蓉　张 薇　　责任印制：李 娜
北京宝昌彩色印刷有限公司印刷
2022 年 5 月第 1 版第 1 次印刷
169mm×239mm·15.25 印张·269 千字
标准书号：ISBN 978-7-111-70513-0
定价：75.00 元

电话服务　　　　　　　　　　网络服务
客服电话：010-88361066　　机 工 官 网：www.cmpbook.com
　　　　　010-88379833　　机 工 官 博：weibo.com/cmp1952
　　　　　010-68326294　　金 书 网：www.golden-book.com
封底无防伪标均为盗版　　机工教育服务网：www.cmpedu.com

"绿色制造丛书" 编撰委员会

主　任
宋天虎　中国机械工程学会
刘　飞　重庆大学

副主任（排名不分先后）
陈学东　中国工程院院士，中国机械工业集团有限公司
单忠德　中国工程院院士，南京航空航天大学
李　奇　机械工业信息研究院，机械工业出版社
陈超志　中国机械工程学会
曹华军　重庆大学

委　员（排名不分先后）
李培根　中国工程院院士，华中科技大学
徐滨士　中国工程院院士，中国人民解放军陆军装甲兵学院
卢秉恒　中国工程院院士，西安交通大学
王玉明　中国工程院院士，清华大学
黄庆学　中国工程院院士，太原理工大学
段广洪　清华大学
刘光复　合肥工业大学
陆大明　中国机械工程学会
方　杰　中国机械工业联合会绿色制造分会
郭　锐　机械工业信息研究院，机械工业出版社
徐格宁　太原科技大学
向　东　北京科技大学
石　勇　机械工业信息研究院，机械工业出版社
王兆华　北京理工大学
左晓卫　中国机械工程学会
朱　胜　再制造技术国家重点实验室
刘志峰　合肥工业大学
朱庆华　上海交通大学

张洪潮　大连理工大学
李方义　山东大学
刘红旗　中机生产力促进中心
李聪波　重庆大学
邱　城　中机生产力促进中心
何　彦　重庆大学
宋守许　合肥工业大学
张超勇　华中科技大学
陈　铭　上海交通大学
姜　涛　工业和信息化部电子第五研究所
姚建华　浙江工业大学
袁松梅　北京航空航天大学
夏绪辉　武汉科技大学
顾新建　浙江大学
黄海鸿　合肥工业大学
符永高　中国电器科学研究院股份有限公司
范志超　合肥通用机械研究院有限公司
张　华　武汉科技大学
张钦红　上海交通大学
江志刚　武汉科技大学
李　涛　大连理工大学
王　蕾　武汉科技大学
邓业林　苏州大学
姚巨坤　再制造技术国家重点实验室
王禹林　南京理工大学
李洪丞　重庆邮电大学

“绿色制造丛书”编撰委员会办公室

主　任
刘成忠　陈超志

成　员（排名不分先后）
王淑芹　曹　军　孙　翠　郑小光　罗晓琪　李　娜　罗丹青　张　强　赵范心
李　楠　郭英玲　权淑静　钟永刚　张　辉　金　程

制造是改善人类生活质量的重要途径，制造也创造了人类灿烂的物质文明。

也许在远古时代，人类从工具的制作中体会到生存的不易，生命和生活似乎注定就是要和劳作联系在一起的。工具的制作大概真正开启了人类的文明。但即便在农业时代，古代先贤也认识到在某些情况下要慎用工具，如孟子言："数罟不入洿池，鱼鳖不可胜食也；斧斤以时入山林，材木不可胜用也。"可是，我们没能记住古训，直到 20 世纪后期我国乱砍滥伐的现象比较突出。

到工业时代，制造所产生的丰富物质使人们感受到的更多是愉悦，似乎自然界的一切都可以为人的目的服务。恩格斯告诫过：我们统治自然界，决不像征服者统治异民族一样，决不像站在自然以外的人一样，相反地，我们同我们的肉、血和头脑一起都是属于自然界，存在于自然界的；我们对自然界的整个统治，仅是我们胜于其他一切生物，能够认识和正确运用自然规律而已（《劳动在从猿到人转变过程中的作用》）。遗憾的是，很长时期内我们并没有听从恩格斯的告诫，却陶醉在"人定胜天"的臆想中。

信息时代乃至即将进入的数字智能时代，人们惊叹欣喜，日益增长的自动化、数字化以及智能化将人从本是其生命动力的劳作中逐步解放出来。可是蓦然回首，倏地发现环境退化、气候变化又大大降低了我们不得不依存的自然生态系统的承载力。

不得不承认，人类显然是对地球生态破坏力最大的物种。好在人类毕竟是理性的物种，诚如海德格尔所言：我们就是除了其他可能的存在方式以外还能够对存在发问的存在者。人类存在的本性是要考虑"去存在"，要面向未来的存在。人类必须对自己未来的存在方式、自己依赖的存在环境发问！

1987 年，以挪威首相布伦特兰夫人为主席的联合国世界环境与发展委员会发表报告《我们共同的未来》，将可持续发展定义为：既满足当代人的需要，又不对后代人满足其需要的能力构成危害的发展。1991 年，由世界自然保护联盟、联合国环境规划署和世界自然基金会出版的《保护地球——可持续生存战略》一书，将可持续发展定义为：在不超出支持它的生态系统承载能力的情况下改善人类的生活质量。很容易看出，可持续发展的理念之要在于环境保护、人的生存和发展。

世界各国正逐步形成应对气候变化的国际共识，绿色低碳转型成为各国实现可持续发展的必由之路。

中国面临的可持续发展的压力尤甚。经过数十年来的发展，2020年我国制造业增加值突破26万亿元，约占国民生产总值的26%，已连续多年成为世界第一制造大国。但我国制造业资源消耗大、污染排放量高的局面并未发生根本性改变。2020年我国碳排放总量惊人，约占全球总碳排放量30%，已经接近排名第2~5位的美国、印度、俄罗斯、日本4个国家的总和。

工业中最重要的部分是制造，而制造施加于自然之上的压力似乎在接近临界点。那么，为了可持续发展，难道舍弃先进的制造？非也！想想庄子笔下的圃畦丈人，宁愿抱瓮舀水，也不愿意使用桔槔那种杠杆装置来灌溉。他曾教训子贡："有机械者必有机事，有机事者必有机心。机心存于胸中，则纯白不备；纯白不备，则神生不定；神生不定者，道之所不载也。"（《庄子·外篇·天地》）单纯守纯朴而弃先进技术，显然不是当代人应守之道。怀旧在现代世界中没有存在价值，只能被当作追逐幻境。

既要保护环境，又要先进的制造，从而维系人类的可持续发展。这才是制造之道！绿色制造之理念如是。

在应对国际金融危机和气候变化的背景下，世界各国无论是发达国家还是新型经济体，都把发展绿色制造作为赢得未来产业竞争的关键领域，纷纷出台国家战略和计划，强化实施手段。欧盟的"未来十年能源绿色战略"、美国的"先进制造伙伴计划2.0"、日本的"绿色发展战略总体规划"、韩国的"低碳绿色增长基本法"、印度的"气候变化国家行动计划"等，都将绿色制造列为国家的发展战略，计划实施绿色发展，打造绿色制造竞争力。我国也高度重视绿色制造，《中国制造2025》中将绿色制造列为五大工程之一。中国承诺在2030年前实现碳达峰，2060年前实现碳中和，国家战略将进一步推动绿色制造科技创新和产业绿色转型发展。

为了助力我国制造业绿色低碳转型升级，推动我国新一代绿色制造技术发展，解决我国长久以来对绿色制造科技创新成果及产业应用总结、凝练和推广不足的问题，中国机械工程学会和机械工业出版社组织国内知名院士和专家编写了"绿色制造丛书"。我很荣幸为本丛书作序，更乐意向广大读者推荐这套丛书。

编委会遴选了国内从事绿色制造研究的权威科研单位、学术带头人及其团队参与编著工作。丛书包含了作者们对绿色制造前沿探索的思考与体会，以及对绿色制造技术创新实践与应用的经验总结，非常具有前沿性、前瞻性和实用性，值得一读。

丛书的作者们不仅是中国制造领域中对人类未来存在方式、人类可持续发展的发问者，更是先行者。希望中国制造业的管理者和技术人员跟随他们的足迹，通过阅读丛书，深入推进绿色制造！

华中科技大学　李培根

2021 年 9 月 9 日于武汉

在全球碳排放量激增、气候加速变暖的背景下，资源与环境问题成为人类面临的共同挑战，可持续发展日益成为全球共识。发展绿色经济、抢占未来全球竞争的制高点，通过技术创新、制度创新促进产业结构调整，降低能耗物耗、减少环境压力、促进经济绿色发展，已成为国家重要战略。我国明确将绿色制造列为《中国制造 2025》五大工程之一，制造业的"绿色特性"对整个国民经济的可持续发展具有重大意义。

随着科技的发展和人们对绿色制造研究的深入，绿色制造的内涵不断丰富，绿色制造是一种综合考虑环境影响和资源消耗的现代制造业可持续发展模式，涉及整个制造业，涵盖产品整个生命周期，是制造、环境、资源三大领域的交叉与集成，正成为全球新一轮工业革命和科技竞争的重要新兴领域。

在绿色制造技术研究与应用方面，围绕量大面广的汽车、工程机械、机床、家电产品、石化装备、大型矿山机械、大型流体机械、船用柴油机等领域，重点开展绿色设计、绿色生产工艺、高耗能产品节能技术、工业废弃物回收拆解与资源化等共性关键技术研究，开发出成套工艺装备以及相关试验平台，制定了一批绿色制造国家和行业技术标准，开展了行业与区域示范应用。

在绿色产业推进方面，开发绿色产品，推行生态设计，提升产品节能环保低碳水平，引导绿色生产和绿色消费。建设绿色工厂，实现厂房集约化、原料无害化、生产洁净化、废物资源化、能源低碳化。打造绿色供应链，建立以资源节约、环境友好为导向的采购、生产、营销、回收及物流体系，落实生产者责任延伸制度。壮大绿色企业，引导企业实施绿色战略、绿色标准、绿色管理和绿色生产。强化绿色监管，健全节能环保法规、标准体系，加强节能环保监察，推行企业社会责任报告制度。制定绿色产品、绿色工厂、绿色园区标准，构建企业绿色发展标准体系，开展绿色评价。一批重要企业实施了绿色制造系统集成项目，以绿色产品、绿色工厂、绿色园区、绿色供应链为代表的绿色制造工业体系基本建立。我国在绿色制造基础与共性技术研究、离散制造业传统工艺绿色生产技术、流程工业新型绿色制造工艺技术与设备、典型机电产品节能减排技术、退役机电产品拆解与再制造技术等方面取得了较好的成果。

但是作为制造大国，我国仍未摆脱高投入、高消耗、高排放的发展方式，资源能源消耗和污染排放与国际先进水平仍存在差距，制造业绿色发展的目标尚未完成，社会技术创新仍以政府投入主导为主；人们虽然就绿色制造理念形成共识，但绿色制造技术创新与我国制造业绿色发展战略需求还有很大差距，一些亟待解决的主要问题依然突出。绿色制造基础理论研究仍主要以跟踪为主，原创性的基础研究仍较少；在先进绿色新工艺、新材料研究方面部分研究领域有一定进展，但颠覆性和引领性绿色制造技术创新不足；绿色制造的相关产业还处于孕育和初期发展阶段。制造业绿色发展仍然任重道远。

本丛书面向构建未来经济竞争优势，进一步阐述了深化绿色制造前沿技术研究，全面推动绿色制造基础理论、共性关键技术与智能制造、大数据等技术深度融合，构建我国绿色制造先发优势，培育持续创新能力。加强基础原材料的绿色制备和加工技术研究，推动实现功能材料特性的调控与设计和绿色制造工艺，大幅度地提高资源生产率水平，提高关键基础件的寿命、高分子材料回收利用率以及可再生材料利用率。加强基础制造工艺和过程绿色化技术研究，形成一批高效、节能、环保和可循环的新型制造工艺，降低生产过程的资源能源消耗强度，加速主要污染排放总量与经济增长脱钩。加强机械制造系统能量效率研究，攻克离散制造系统的能量效率建模、产品能耗预测、能量效率精细评价、产品能耗定额的科学制定以及高能效多目标优化等关键技术问题，在机械制造系统能量效率研究方面率先取得突破，实现国际领先。开展以提高装备运行能效为目标的大数据支撑设计平台，基于环境的材料数据库、工业装备与过程匹配自适应设计技术、工业性试验技术与验证技术研究，夯实绿色制造技术发展基础。

在服务当前产业动力转换方面，持续深入细致地开展基础制造工艺和过程的绿色优化技术、绿色产品技术、再制造关键技术和资源化技术核心研究，研究开发一批经济性好的绿色制造技术，服务经济建设主战场，为绿色发展做出应有的贡献。开展铸造、锻压、焊接、表面处理、切削等基础制造工艺和生产过程绿色优化技术研究，大幅降低能耗、物耗和污染物排放水平，为实现绿色生产方式提供技术支撑。开展在役再设计再制造技术关键技术研究，掌握重大装备与生产过程匹配的核心技术，提高其健康、能效和智能化水平，降低生产过程的资源能源消耗强度，助推传统制造业转型升级。积极发展绿色产品技术，研究开发轻量化、低功耗、易回收等技术工艺，研究开发高效能电机、锅炉、内燃机及电器等终端用能产品，研究开发绿色电子信息产品，引导绿色消费。开展新型过程绿色化技术研究，全面推进钢铁、化工、建材、轻工、印染等行业绿色制造流程技术创新，新型化工过程强化技术节能环保集成优化技术创新。开展再制造与资源化技术研究，研究开发新一代再制造技术与装备，深入推进废旧汽车（含新能源汽车）零部件和退役机电产品回收逆向物流系统、拆解/破碎/分离、高附加值资源化等关键技术与装备研究并应用示范，实现机电、汽车等产品的可拆卸和易回收。研究开发钢铁、冶金、石化、轻工等制造流程副产品绿色协同处理与循环利用技术，提高流程制造资源高效利用绿色产业链技术创新能力。

在培育绿色新兴产业过程中，加强绿色制造基础共性技术研究，提升绿色制造科技创新与保障能力，培育形成新的经济增长点。持续开展绿色设计、产品全生命周期评价方法与工具的研究开发，加强绿色制造标准法规和合格评判程序与范式研究，针对不同行业形成方法体系。建设绿色数据中心、绿色基站、绿色制造技术服务平台，建立健全绿色制造技术创新服务体系。探索绿色材料制备技术，培育形成新的经济增长点。开展战略新兴产业市场需求的绿色评价研究，积极引领新兴产业高起点绿色发展，大力促进新材料、新能源、高端装备、生物产业绿色低碳发展。推动绿色制造技术与信息的深度融合，积极发展绿色车间、绿色工厂系统、绿色制造技术服务业。

非常高兴为本丛书作序。我们既面临赶超跨越的难得历史机遇，也面临差距拉大的严峻挑战，唯有勇立世界技术创新潮头，才能赢得发展主动权，为人类文明进步做出更大贡献。相信这套丛书的出版能够推动我国绿色科技创新，实现绿色产业引领式发展。绿色制造从概念提出至今，取得了长足进步，希望未来有更多青年人才积极参与到国家制造业绿色发展与转型中，推动国家绿色制造产业发展，实现制造强国战略。

中国机械工业集团有限公司　陈学东

2021 年 7 月 5 日于北京

丛书序三

　　绿色制造是绿色科技创新与制造业转型发展深度融合而形成的新技术、新产业、新业态、新模式，是绿色发展理念在制造业的具体体现，是全球新一轮工业革命和科技竞争的重要新兴领域。

　　我国自 20 世纪 90 年代正式提出绿色制造以来，科学技术部、工业和信息化部、国家自然科学基金委员会等在"十一五""十二五""十三五"期间先后对绿色制造给予了大力支持，绿色制造已经成为我国制造业科技创新的一面重要旗帜。多年来我国在绿色制造模式、绿色制造共性基础理论与技术、绿色设计、绿色制造工艺与装备、绿色工厂和绿色再制造等关键技术方面形成了大量优秀的科技创新成果，建立了一批绿色制造科技创新研发机构，培育了一批绿色制造创新企业，推动了全国绿色产品、绿色工厂、绿色示范园区的蓬勃发展。

　　为促进我国绿色制造科技创新发展，加快我国制造企业绿色转型及绿色产业进步，中国机械工程学会和机械工业出版社联合中国机械工程学会环境保护与绿色制造技术分会、中国机械工业联合会绿色制造分会，组织高校、科研院所及企业共同策划了"绿色制造丛书"。

　　丛书成立了包括李培根院士、徐滨士院士、卢秉恒院士、王玉明院士、黄庆学院士等 50 多位顶级专家在内的编委会团队，他们确定选题方向，规划丛书内容，审核学术质量，为丛书的高水平出版发挥了重要作用。作者团队由国内绿色制造重要创导者与开拓者刘飞教授牵头，陈学东院士、单忠德院士等 100 余位专家学者参与编写，涉及 20 多家科研单位。

　　丛书共计 32 册，分三大部分：① 总论，1 册；② 绿色制造专题技术系列，25 册，包括绿色制造基础共性技术、绿色设计理论与方法、绿色制造工艺与装备、绿色供应链管理、绿色再制造工程 5 大专题技术；③ 绿色制造典型行业系列，6 册，涉及压力容器行业、电子电器行业、汽车行业、机床行业、工程机械行业、冶金设备行业等 6 大典型行业应用案例。

　　丛书获得了 2020 年度国家出版基金项目资助。

　　丛书系统总结了"十一五""十二五""十三五"期间，绿色制造关键技术与装备、国家绿色制造科技重点专项等重大项目取得的基础理论、关键技术和装备成果，凝结了广大绿色制造科技创新研究人员的心血，也包含了作者对绿色制造前沿探索的思考与体会，为我国绿色制造发展提供了一套具有前瞻性、系统性、实用性、引领性的高品质专著。丛书可为广大高等院校师生、科研院所研发人员以及企业工程技术人员提供参考，对加快绿色制造创新科技在制造业中的推广、应用，促进制造业绿色、高质量发展具有重要意义。

当前我国提出了 2030 年前碳排放达峰目标以及 2060 年前实现碳中和的目标，绿色制造是实现碳达峰和碳中和的重要抓手，可以驱动我国制造产业升级、工艺装备升级、重大技术革新等。因此，丛书的出版非常及时。

绿色制造是一个需要持续实现的目标。相信未来在绿色制造领域我国会形成更多具有颠覆性、突破性、全球引领性的科技创新成果，丛书也将持续更新，不断完善，及时为产业绿色发展建言献策，为实现我国制造强国目标贡献力量。

中国机械工程学会　宋天虎
2021 年 6 月 23 日于北京

前　言

　　绿色设计可从源头上解决资源、能源的过度消耗和环境污染问题，是落实制造业可持续发展战略的重要途径。现有的绿色设计研究与应用多停留在单元工具与方法上，侧重产品开发局部环节剖析，绿色设计方法与技术体系的系统性、集成性研究比较薄弱，对设计流程间、工具间的关联与协同机制的研究尚未成熟，制约了绿色设计的应用、推广。因此，基于全生命周期理论，将系统集成理念引入绿色设计，对绿色设计系统集成体系的理论、方法与技术进行深入研究分析，实现绿色设计与企业现有设计模式的融合集成，具有重要研究价值和工程意义。

　　绿色设计系统集成技术是产品设计理念与模式的变革，其核心思想是将产品绿色设计问题作为一个面向产品全生命周期、多主体协作、多流程管控、多目标优化的闭环反馈、快速迭代系统加以研究。目前，其研究及应用面临绿色设计信息数据异构难交换、方法多元不融合、流程分散难管理、使能工具孤立难集成、系统集成平台缺乏及难构建等关键共性问题。

　　本书以绿色设计为导向，从集成视角出发，对绿色设计集成技术展开系统的论述与剖析，研究绿色设计数据规范化及集成技术、产品全生命周期系统建模及模型驱动的优化和决策技术、绿色设计流程融合建模技术、绿色设计与常规设计使能工具之间的业务互联技术，实现绿色设计数据、方法、流程、使能工具等的有效集成。另外，进一步通过灵活化云部署、微服务等技术，开发具有集约高效、协作并行、绿色共享特性的绿色设计系统集成平台，实现产品绿色设计资源、业务的有机整合与高效利用。将绿色设计与常规设计有机融合，有效支撑面向产品全生命周期的绿色设计，促进绿色设计的企业应用。

　　本书主要由山东大学的李方义、王黎明、田广东共同撰写。第 1~3 章主要由山东大学的李方义撰写，贵州财经大学的周丽蓉，山东建筑大学的王晓伟，山东大学的孔琳、马艳等参与了部分资料整理工作和有关项目研究工作；第 4 章主要由山东大学的田广东撰写，山东大学的陈波、王闻杰、王忆同、李龙、付岩等参与了部分资料整理工作和有关项目研究工作；第 5、6 章主要由山东大学的王黎明编写，山东大学的王耿、吕晓腾、郭婧、彭鑫、刘静等和浙江工业大学的陈建、上海湃睿信息科技有限公司的周海伟参与了部分资料整理工作和有关项目研究工作。全书由李方义统稿，由山东大学的李剑峰教授主审，合肥工业大学的刘志峰、上海交通大学的于随然、北京科技大学的向东、重庆大学的曹华军等提出宝贵建议并参与审定。

感谢国家重点研发计划"机电产品全生命周期设计与评价协同建模及决策支持技术（2020YFB1711603）""机电产品全生命周期清单数据语义建模与动态收集技术（2020YFB1711601）""基础制造工艺资源环境负荷数据库及环境影响评价技术（2018YFB2002101）""热处理工艺资源环境负荷数据采集与环境影响评价（2018YFB2002104）"、国家自然科学基金"融合全生命周期场景的产品设计方案建模与环境性能优化（52175473）"等项目对本书在前期绿色设计方法与技术研究以及资金等方面提供的帮助。

由于作者水平有限，书中不妥之处在所难免，恳请读者批评指正。

作　者

2022 年 3 月

目录 CONTENTS

第 1 章

———

绪　　论

1.1 背景介绍

▶▶ 1. 绿色设计相关研究背景

资源的快速消耗以及环境问题正对人类社会的生存与发展造成严重的威胁。据统计，在过去的 100 年里，由于温室气体的大量排放，全球的平均气温上升了 0.48℃，预计 100 年后，全球气温将上升 1.4~5.8℃。全球变暖引起两极冰川融化，积雪区面积不断减小，海平面不断上升，致使低洼地区逐渐消失，全球降水不平衡加剧，环境问题日益严峻。制造业作为工业的主体部分，是国民经济的支柱产业，但在较长一段发展时期内，考虑更多的是产品功能、质量、成本等，忽视了资源的高效利用和环境性能，导致温室效应、空气污染、水污染以及资源枯竭等问题，制约了制造业的可持续发展。

资源与环境问题是当前人类面临的共同挑战，推动绿色增长、实施绿色发展政策是全球主要经济体的共同选择。尤其是进一步推进制造业绿色发展，推进节能降耗，增加绿色产品和服务有效供给，补齐绿色发展短板，实现产品节能、降本、增效。为缓解发展与环境之间的冲突，世界各国相继制定了制造业可持续发展战略来引导社会行为。不同的国家和地区也陆续发布了相关的公约、法律以及标准，以减少制造业对环境造成的影响。欧盟是第一个开始探索可持续发展道路的组织，其提出的"欧盟 2020 战略"旨在实现能源效率提高 20%，温室气体排放减少 20%；美国提出了《先进制造伙伴计划 2.0》，并将可持续制造列为 11 项振兴制造业的关键技术之一；英国政府科学办公室在《未来制造》报告中提出了可持续制造发展路线图，将可持续发展划分为三个阶段并确定了各阶段目标；德国将资源效率列为《工业 4.0》的八大关键领域之一。

为此，发达国家制定了严格的环境法令法规，促进制造业的可持续发展。美国在 2009 年通过《清洁能源安全法案》和《限量及交易法案》，授权政府从 2020 年起对未达到美国碳排放标准的钢铁制品、水泥、电解铜、电解铝等排放密集型企业征收高额惩罚性关税；欧盟早在 2003 年便开始实施《车辆废弃指令》，要求生产者对其产品进行回收处理及再利用，并缴纳相应的费用，而且分别于 2006 年和 2008 年发布实施了《电子电器中某些有害物质限值使用指令》(*The Restriction of the use of Certain Hazardous Substances in Electrical and Electronic Equipment*，RoHS 1.0 指令，在 2015 年修订了 RoHS 2.0 版本) 与《关于报废电子电气设备指令》(*Waste Electrical and Electronic Equipment*，WEEE 指令，在 2012 年进行了修订)，对机电产品的生产和报废提出了严格的要求。欧盟在

2007 年开始实施《用能产品生态设计指令》（*Eco-Design of Energy-using Products*，EuP 指令，在 2009 年进行了修订），在 2009 年又进一步实施了《耗能产品生态设计指令》（*Eco-Design of Energy-related Products*，ErP 指令，在 2019 年进行了修订）。这些指令要求进行产品设计时要注重产品全生命周期的环境影响属性，按照 EuP 指令的要求，符合条件的产品需要提供下列的技术文件：《耗能产品的描述》《环境评估研究的结果》《产品或产品组的生态概要》《产品设计规范要素》《与环境要素相关联、适用的标准或其他用于证明符合性的协调标准或替代方法的清单》《使用者及处理机构所需要的信息和测量的结果》等。

面对国内外日益严格的法令法规，以及我国建设生态文明、走绿色发展之路的迫切需求，我国在《国家中长期科学和技术发展规划纲要（2006—2020年)》中明确提出："积极发展绿色制造，加快相关技术在材料与产品开发设计、加工制造、销售服务及回收利用等产品全生命周期中的应用，形成高效、节能、环保和可循环的新型制造工艺。制造业资源消耗、环境负荷水平进入国际先进行列"。国务院正式印发的《中国制造 2025》指出，制造业要实现四大转变：一是由要素驱动向创新驱动转变；二是由低成本竞争优势向质量效益竞争优势转变；三是由传统生产型制造向新式服务型制造转变；四是由资源浪费严重、污染物排放多的粗放制造向绿色制造转变。同时，为进一步落实《中国制造2025》战略部署，加快推进生态文明建设，促进工业绿色发展，我国在《工业绿色发展规划（2016—2020 年)》中鼓励支撑工业绿色发展的共性技术研发。工业生产按照产品全生命周期理念，以提高工业绿色发展技术水平为目标，加大绿色设计技术、环保材料、绿色工艺与装备、废旧产品回收资源化与再制造等领域共性技术研发力度。重点突破产品轻量化、模块化、集成化、智能化等绿色设计共性技术，研发推广高性能、轻量化、绿色环保的新材料，突破废旧金属、废塑料等产品智能分选与高值利用、固体废物精细拆解与清洁再生等关键产业化技术，开展基于全生命周期的绿色评价技术研究。国家有关政策也明确指出要深入落实《中国制造 2025》《工业绿色发展规划》和《绿色制造工程实施指南》，全面推行绿色制造，着力抓好绿色制造体系构建、传统制造业绿色化改造、节能与绿色发展机制创新和绿色制造试点示范，发展绿色制造产业，促进工业绿色转型升级。2020 年 9 月，在第 75 届联合国大会上，国家主席习近平提出了我国的碳达峰、碳中和目标，力争在 2030 年前实现二氧化碳排放达到峰值、2060 年前实现碳中和。同时，国家"十四五"规划也强调要进一步加快推动绿色发展，促进人与自然和谐共生，并且提倡和支持绿色技术创新，发展环保产业，推进重点行业和重要领域绿色化改造，推动能源清洁低碳安全高效利用。

基于此，绿色制造成为制造业节能减排、可持续发展的研究热点。依据我国产业绿色转型发展的要求，着眼生态文明建设和应对气候变化，以绿色技术创新和应用为重点，全面推进高效节能、先进环保和资源循环利用产业体系，对带动相关工业企业走出一条科技含量高、经济效益好、资源消耗低、环境污染少的新型工业化道路具有重要意义。实施绿色制造的关键在于绿色设计。

产品设计是产品全生命周期性能的关键阶段，决定了70%以上的原材料获取、制造、使用、回收再利用和废弃处理等阶段的产品性能。绿色设计作为一项有效支撑绿色制造的技术，是从源头上解决制造业可持续性发展的最根本方法。目前，开展绿色设计已经成为企业发展的迫切需求。

▶ 2. 绿色设计的概念及特点

世界上正式提出绿色设计思想的是设计理论家 Victor Papanek，他在《为真实世界而设计》（*Design for the Real World*）一书中强调，真正的设计要把各个方面的因素都考虑到，比如材料的获取、加工、回收等，在设计的整个过程中要最大限度地保护环境。同时，书中批判了产品设计忽略社会和环境因素的做法，并提出了 Social Design、Social Quality 和 Ecological Quality 等与生态设计相关的概念。丹麦工业大学的 Alting 教授等发表于 The International Academy for Production Engineering（CIRP）年会的论文《持续工业生产的基础—生命周期概念》指出：如果产品及生产系统最初也是为环境特性而设计的，那么将会取得更为显著的经济及技术效果。该论文以该理念为基础，提出了对环境、职业健康、资源消耗等影响最小的绿色设计模式。

自此，人们围绕绿色设计开展了大量相关研究，如生态设计（Ecological Design）、面向环境设计（Design for Environment）、可持续设计（Sustainable Design）、环境意识设计（Environmentally Conscious Design）等。尽管各国的提法不同，但其内涵与绿色设计（Green Design）基本相同。绿色设计是在产品及其生命周期的全过程设计中充分考虑产品的质量、开发周期和成本，优化各有关设计因素，使产品全生命周期资源消耗少、对生态环境的总体负面影响小且注重人体健康与安全的设计和研发活动。

绿色设计不同于常规设计，绿色设计涵盖产品从原材料获取、设计开发、加工制造、包装运输、使用维护到报废回收的各个阶段，即涉及产品整个生命周期，是"摇篮—坟墓—再生"的过程。常规设计与绿色设计的比较见表 1-1 所列。

表 1-1 常规设计与绿色设计的比较

比较内容		常 规 设 计	绿 色 设 计
相同点		均要考虑产品的功能、质量、成本等基本属性，同时要确定产品的总体结构、材料选择、零件结构形式和尺寸以及零部件的连接方式等基本内容	
不同点	设计目标	以满足市场需求和用户需求为主要设计目标	以满足市场需求和生态环境、可持续发展为设计目标
	设计指标	产品的基本属性，如产品功能、性能、成本等	在考虑产品的基本属性的同时，重点考虑产品生命周期各阶段对资源、能源、环境产生的影响
	设计边界	从"摇篮"到"坟墓"过程，如图 1-1 所示	从"摇篮"到"再生"过程，如图 1-1 所示
	设计要求	设计人员很少或没有考虑到有效的资源再生利用及对生态环境的影响	设计人员在产品设计开发阶段，必须综合考虑节能、节材和减少环境排放
	设计方法	面向 X 的设计（DfX）方法	在常规设计 DfX 方法的基础上，开展面向环境的设计（DfE）
	设计产品	满足功能、质量、成本等基本需求的产品	在其全生命周期过程中，符合环境保护要求，对生态环境无害或危害少，资源利用率高，能源消耗低的绿色产品

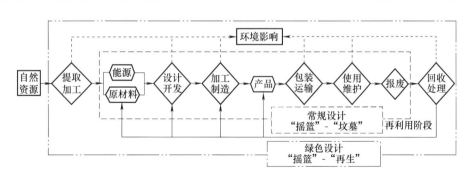

图 1-1 产品常规设计与绿色设计全生命周期阶段边界划分

绿色设计一般包括三个基本属性：时间性、空间性、系统性。

1）时间性指绿色设计涵盖原材料获取、设计开发、加工制造、包装运输、使用维护到报废回收等产品全生命周期各个阶段。

2）空间性指绿色设计面向的对象是整个产品系统，除了考虑产品本身的功能、结构、工艺等设计需求外，还要综合考虑产品系统在全生命周期过程的所有活动。

5

3）系统性指绿色设计是对产品全生命周期技术性、经济性和环境协调性的综合优化设计。

绿色设计的关键技术面向"4R"的设计，即减量化（Reduce）、重用（Reuse）、循环（Recycle）、再制造（Remanufacturing）。其强调要在产品设计时尽量减少物质和能源的消耗，减少有害物质的排放，使产品及零部件能够方便地分类回收并再生循环或重新利用，或通过再制造使废旧的产品及零部件重获新生。

3. 绿色设计研究现状与存在问题

从 20 世纪 90 年代开始，专家学者对绿色设计展开系统研究并形成大量的法规、标准，绿色设计得到初步的推广应用。我国绿色设计技术在对研究初期的重视程度上与国外发达国家有一定的差距。近年来，随着我国对资源环境问题重视程度的提高，大量绿色设计相关政策相继发布，以及市场对绿色设计的需求不断增加，绿色设计技术正迅速发展。

（1）绿色设计主要研究机构　目前，关于绿色设计的研究相当活跃，在美国、日本及欧洲等发达国家和地区，绿色设计已成为研究的热点，相应出现了大量专门从事绿色设计研究的机构，国外主要绿色设计研究机构及其研究领域见表 1-2 所列。

表 1-2　国外主要绿色设计研究机构及其研究领域

研 究 机 构	研 究 领 域
美国卡内基梅隆大学绿色设计研究所（Green Design Institute, Carnegie Mellon University）	在环境管理、能源与环境、绿色建筑、生命周期分析等方面展开了系统的研究。并在产品回收系统设计、全生命周期成本核算、汽车报废管理规则、绿色设计价格设定、环境标准制定和管理系统、计算机报废处理技术等方面具有一定研究基础
美国加州大学绿色设计与制造协会（Consortium on Green Design and Manufacturing, University of California）	致力于半导体制造业的环境意识设计、电子产品回收和废弃处理、环境供应链管理、基于经济收支分析的生命周期评价等研究
美国德克萨斯理工大学工业工程系（Industrial Engineering Department, Texas Tech University）	主要从事绿色设计与制造、工业工程及逆向物流等领域的研究工作。在电子产品全生命周期评价理论方法和实际应用、先进生产规划与控制技术及逆向制造技术等方面取得了大量研究成果。Zhang 团队还在可持续制造、绿色清洗等方向进行了深入研究
荷兰代尔夫特工业大学（Delft University of Technology）	主要工作是面向机电产品全生命周期分析和清洁生产的工具开发以及生态设计研究，并研究了大规模定制下绿色模块化设计的步骤和方法

研 究 机 构	研 究 领 域
美国麻省理工学院 （Massachusetts Institute of Technology）	研究领域包括碳定价、国际气候谈判、比较能源和气候政策以及能源转型的驱动因素和条件等。通过参与相关政策制定、环境政策的推行、与其他机构的合作创新等推动可持续发展，降低环境影响
澳大利亚皇家墨尔本理工大学设计中心 （Center for Design, Royal Melbourne Institute of Technology）	从产品全生命周期分析、绿色产品与包装、绿色建筑等方面开展绿色设计研究。开设环境与可持续工程、建筑环境研究等课程，侧重于可持续发展，减少环境问题，以适应全球工程行业的趋势
美国普渡大学 （Laboratory for Sustainable Manufacturing, Purdue University）	研究领域包括智能/可持续制造、循环材料经济、绿色制造规划、制造业的社会可持续性评价等。其中对机床单机/多机系统、车间/工厂、企业/供应链等的能耗与能效优化问题开展了大量研究
日本东京大学梅田研究室 （Umeda Laboratory, University of Tokyo）	开展了大量绿色设计相关研究，内容包括产品报废原因分析、产品价值生命周期评估、生命周期建模支持工具、产品重用性评价等
美国凯斯西储大学 Case Western Reserve University	Chris Yuan 团队在可再生能源系统、建筑智能照明、全生命周期评价等方面开展了深入研究
英国剑桥大学 （University of Cambridge）	主要研究领域包括可持续工厂、可持续再生设计、汽车制造商的可持续设计与运营等。并开展知识工程、可持续制造、生态设计原则等方面的研究，提出了一种生态创新和生态设计综合方法
英国萨利大学 （University of Surrey）	重点领域包括社会生命周期评估、生命周期成本计算、生命周期可持续性评估、供应链和价值链分析等。并开展工业和商业系统中的资源节约和效率研究，以减轻对环境的负担。研究包括对工业生态系统、废物管理和再循环，以及商业模式的评价及建模
英国可持续设计中心 （University for the Creative Arts）	在可持续消费和生产、生产者责任、产品政策、生态创新、生态设计、再制造设计、生态包装设计、供应链管理、产品服务系统等领域开展研究
德国柏林工业大学 （Technical University of Berlin）	开展了全球生产工程项目，对工厂的基本要素、制造技术的深化评估、工厂规划和管理战略等进行研究

另外，日本早稻田大学、西班牙塞维利亚大学、英国布鲁内尔大学等均对绿色设计的研究做出了重要贡献。

国内方面，重庆大学、合肥工业大学、上海交通大学、大连理工大学等高校和机械科学研究总院等科研机构对绿色设计方法等也做了大量的研究，其主要研究情况见表1-3所列。

表 1-3　国内主要绿色设计研究机构及其研究领域

研 究 机 构	研 究 领 域
重庆大学	主要研究方向包括绿色智能制造工艺与装备、绿色智能制造系统、机械加工制造系统能效优化技术研究与应用等。设计并研发了低排放高速干切滚齿等绿色制齿机床
合肥工业大学	主要研究领域包括产品绿色设计理论与方法、绿色产品评价技术、废旧产品再资源化技术、主动再制造设计与再制造工艺技术与装备、绿色供应链管理等，主要研究与应用对象包括电子电器产品、汽车、工程机械及其关键零部件等
机械科学研究总院	在装备绿色制造、绿色产品评价技术及数据库建设、绿色制造相关标准制定等领域进行系统研究
上海交通大学	在产品可持续设计、全生命周期设计建模、面向可持续设计与制造的集成方法以及复杂机电产品高能效设计等方面展开研究。在汽车类产品的可拆卸性设计、可拆卸性评估等方面进行了长期研究
清华大学	在机电产品的绿色设计、轻量化设计、电子电器无害化工艺技术及再资源化方面进行了深入研究，并系统开展了基于产品全生命周期的绿色制造方法及工具的探索
大连理工大学	在产品全生命周期清单数据语义建模、产品生命周期评价、机械装备能耗评估和优化、产品三维可持续性评价等方面进行了较为系统的研究
浙江大学	在节能评估、绿色设计、绿色工厂、绿色园区、绿色供应链、低碳制造、产品生命周期设计等方面开展了大量研究
华中科技大学	主要研究方向为产品全生命周期分析与设计方法。聚焦于机电产品的绿色设计、复杂机械产品的拆卸回收方法、材料选择方法以及产品全生命周期评价方法等方面的研究。并且在作业车间的绿色调度、车间管理控制系统建模等方面有较强研究基础
哈尔滨工业大学	开展了机械产品制造能耗与碳排放建模及数控机床能耗检测技术等相关方面的研究。提出机械产品 ERWC 多维碳排放建模方法，制定了基于标准测试样件的数控机床能效测试规范
中国人民解放军陆军装甲兵学院	长期从事维修工程、表面工程和再制造设计及修复技术研究。在激光熔覆、超音速火焰喷涂、涂层性能分析、产品可制造性评价、废旧零部件疲劳寿命评估等方面的研究具有较强影响力
武汉科技大学	在企业生产过程的绿色规划与优化运行、绿色制造的生产系统资源优化配置、机电产品生命周期的绿色评估等方面开展了深入研究
四川大学	在产品全生命周期评价方面有较深入的研究，与亿科环境科技有限公司共同开发我国首个商业化 LCA 分析软件 eBalance，含中国生命周期参考数据库（CLCD）。并且在绿色供应链管理、绿色设计多目标决策等方面有一定研究基础
浙江工业大学	在节能化车间调度与绿色物流、环境意识设计方案评估决策、绿色设计冲突消解策略等方面开展研究

研 究 机 构	研 究 领 域
北京航空航天大学	主要方向围绕绿色设计制造技术展开。在大型钛合金结构件激光直接制造技术、清洁加工技术、复杂产品集成制造系统、可拆卸性设计等领域进行系统研究
山东大学	山东大学可持续研究制造中心长期从事产品绿色设计与制造、产品全生命周期评价、绿色设计方案决策与优化等领域的研究和技术应用工作。在产品服役过程数据动态采集方法、绿色设计全生命周期信息建模、绿色设计与评价协同建模、设计参数敏感性分析及集成优化、绿色设计数据库建设等方面进行了系统研究

（2）绿色设计研究进展 国内外学者分别在绿色设计产品信息建模、绿色设计方法以及绿色设计使能工具等几个方向展开研究，本书简要介绍部分研究进展情况，见表 1-4 所列。

表 1-4 部分绿色设计研究进展情况

研 究 方 向		研 究 内 容
绿色设计产品信息建模	AHP/QFD/物元理论/特征	张雷等利用可拓物元理论建立了绿色设计单元，对相关设计过程的绿色知识、属性及功能过程等进行封装，建立了绿色设计多域多级迭代过程，实现了对绿色设计知识的重用。李龙等提出绿色特征概念，并基于质量功能展开（QFD）技术实现机电产品绿色性能优化。Bereketli、Younesi 等均研究了通过集成层次分析法（AHP）与环境质量功能配置（QFDE）建立产品方案设计阶段的信息模型，识别设计方案的环境影响，改进和优化产品生态设计
	语义	Liu 等利用模糊集理论对设计知识进行语义描述，以进行不确定分析和方案决策。Zhang 等系统研究了通过语义关联来实现产品原理的表达，能够为产品设计方案生成和决策推理提供基础模型支持
	知识	张雷等为了解决产品设计周期长、效率低下的问题，将知识重用理论引入产品的绿色设计之中，通过知识的多级迭代、单元实例的检索、多属性效用决策等方法进行绿色产品的概念设计，大幅度提高了设计的效率。陈建等建立了绿色设计中知识冲突的元数据模式，用来描述绿色设计目标和约束条件，为知识冲突消解提供支持
绿色设计方法	绿色材料选择	刘志峰等基于绿色设计理论对洗碗机内胆的材料选择进行了研究，比较不同材料的绿色性能，分析得出聚丙烯的环境属性优于现在使用的不锈钢材料；Rao 等针对给定工程组件的材料选择进行了详细的研究，提出了"材料适应性指数"的概念，并提出了基于图论和矩阵的绿色设计材料多目标选择决策模型；彭安华等运用并行设计将材料选择与回收处置相结合，基于灰色相似性理论和理想解法对材料绿色性进行排序、决策与优选

（续）

研 究 方 向		研 究 内 容
绿色设计方法	可拆卸性设计	Nakamura 等提出了基于 LCA 的废旧家电产品主动拆卸技术，为家电产品的设计提供了理论支撑，简化了家电产品报废后的拆卸过程，提高了拆卸效率；陈璐等运用面向对象的技术对机械类产品进行了信息建模，提出了基于可拆卸性设计的产品信息模型
	可回收性设计	高建刚等针对与或图拆卸回收模型的顶点与边的组合爆炸问题，建立了由与或图到产品拆卸过程的映射关系模型，并根据实际的操作过程建立了六条筛选规则，在确保模型完备的基础上，简化模型中的顶点与边的数目
绿色设计使能工具	拆卸与回收软件	上海交通大学开发的面向拆卸与回收的设计软件，能够在设计阶段考虑产品使用后的拆卸和回收问题，支持产品方便地拆卸、经济地回收。开发的面向产品生命周期的模块化设计系统能够构建面向单一产品的模块识别和面向产品簇的模块识别方法。合肥工业大学开发了易拆卸可回收设计查询系统，集成易拆卸可回收设计模块和评价模块，对设计的家电产品拆卸、回收和环境影响性进行评价。清华大学开发的产品拆卸回收建模与决策分析系统，在设计阶段对产品可拆卸性进行分析和评价。该系统能在满足功能要求的前提下，决策出易拆卸的产品结构，实现良好的产品维护性和回收性，体现产品的绿色特性
	材料选择软件	合肥工业大学开发的支持绿色设计的材料选择系统，能够有效集成使用、经济、环境性能，实现最优材料选择和材料查询

通过分析以上研究现状发现，目前绿色设计产品信息建模、绿色设计方法、绿色设计使能工具等大部分研究与应用多聚焦在特定设计阶段或目标上，绿色设计方法与技术的系统性研究较为薄弱，各设计要素间缺乏有效集成，难以支持产品的全生命周期设计。如何面向产品绿色需求，在产品设计阶段从集成的角度综合考虑材料获取、制造、运输、使用及回收处理全过程，将绿色设计产品信息建模、方法、使能工具等系统集成，有效支持产品绿色设计，是目前研究的重点。

1.2 绿色设计系统集成技术概述

1.2.1 集成技术发展概况

20 世纪末，制造业进入全球化的进程，异地设计、知识共享、资源共享、并行工程、精益生产、敏捷制造、全球制造等都得益于网络技术的发展。随着网络化技术的进一步发展及其在制造业的不断深入应用，产生了一系列行业性或区域性的分布协同工作群。利用 Internet/Intranet 建立面向某个行业或区域的具有集成、优化和高效等特点的信息环境，帮助企业最大限度地缩短产品开发周期，提高产品的设计水平和设计质量，控制内部管理，降低制造成本和库存，从而提高企业的市场竞争能力。由此，集成的概念应运而生。

集成所体现的首先是科学技术的交叉与融合，特别是制造技术与信息技术的交叉与融合，这是 20 世纪后期制造技术的一项重大发展。集成的另一个重要方面，也是通常强调较多的方面，即企业集成。科学技术的交叉与融合是企业集成的基础与条件，同时企业集成又是科学技术交叉与融合的必然结果。从集成覆盖的业务活动范围来看，可分为生产过程和产品生命周期的集成。前者是并行工程和计算机集成制造系统工程，强调的较多是从设计、制造、运输、供应、管理等过程的集成；后者从市场调查和产品设计开始，就考虑其制造、使用、回收等阶段，通过在产品使用中不断更新和提高知识与技术含量，形成制造过程的延续，从而使制造和使用成为一体。

集成具有以下几个显著特点。

1）集成包含技术、管理等方面，是一项综合性的系统工程。技术是系统集成工作的核心，管理活动是系统集成项目成功实施的可靠保障。

2）集成体现更多的是设计、调试与开发的技术和能力。

3）集成要以满足企业设计人员、管理人员等的需求为根本出发点。

4）集成不是选择最好的产品的简单行为，而是要选择最适合企业的需求和投资规模的产品和技术。

5）面向产品生命周期的集成覆盖范围更广，设计初期的集成研究更能从源头上解决企业的设计问题，对于企业的影响和作用更广泛，具有更强的适用性。

1.2.2 绿色设计系统集成概念

1. 绿色设计系统集成的内涵

基于企业集成研究的不断发展，如何在产品生命周期集成过程中引入绿色设计思想，保证产品的绿色性成为当前的热点问题。绿色设计系统集成正是为适应这种需求，在数字化、网络化、全生命周期管理等相关技术的推动下提出并发展的一门前沿技术。

绿色设计系统集成技术是产品全生命周期视角下的系统工程。要真正有效地实施绿色设计，必须从系统和集成的角度来考虑和研究绿色设计数据、方法、流程、使能工具、平台等有关问题。如图 1-2 所示，绿色设计系统集成技术可从设计流程、全生命周期阶段、系统层次结构三个维度对绿色设计所涉及的问题进行描述。

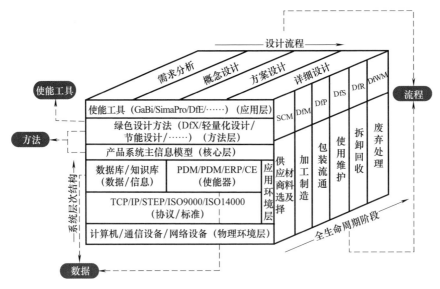

图 1-2　绿色设计系统集成模型

该系统集成技术的核心问题在于解决系统之间的互联和互操作性问题，它是一个多协议和面向多应用的体系结构，包括系统间的接口、协议以及流程管控、系统平台、应用软件与子系统等各类面向集成的问题。

绿色设计系统集成技术以产品生命周期系统集成为指导思想，其关键技术包括绿色设计数据集成技术、产品全生命周期系统建模技术、模型驱动的优化和决策技术、绿色设计流程建模技术、常规设计与绿色设计使能工具之间的业务互联技术。在以上关键技术基础上，进一步基于公有云、混合云和边云协同的灵活化云部署技术，开发绿色设计系统集成平台，实现产品绿色设计资源、业务的有机整合与高效利用。将常规设计与绿色设计有机融合，有效支撑面向产品全生命周期的绿色设计，促进绿色设计的企业应用。未来，绿色设计系统集成技术将展现出广阔的应用前景。

▶ **2. 绿色设计系统集成发展现状**

（1）绿色设计系统集成发展战略　国外的集成战略部署方面，欧盟第 7 框架计划中实施了绿色工程设计与产品可持续性集成软件平台的项目，提出建立可持续设计集成平台 G. EN. ESI（Integrated software platform for Green ENgineering dESIgn and product sustainability），平台框架如图 1-3 所示。可以看出，该平台利用 Web 技术，将绿色设计中的材料选择工具、DfX 工具、LCA 分析工具通过数据库相互集成，所体现的功能包括工程材料及相关制造工艺数据库查询、能量及温室气体排放分析、全生命周期环境影响评估、剩余寿命分析等。项目在产品生态可持续性、设计方案改进优化、设计师快速高效获得绿色设计专业知识等方面进行了扩展和改善。

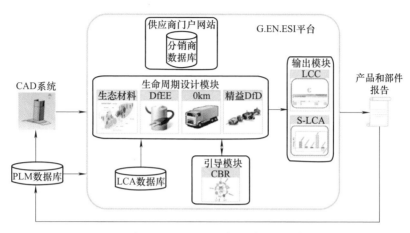

图 1-3 欧盟 G. EN. ESI 绿色设计集成平台框架

国内的集成战略部署方面，针对绿色设计系统集成技术的研究相对较晚。近年来，随着资源、能源、环境问题的不断加剧，以及互联网、智能制造技术的不断发展，为了进一步推动绿色生态设计发展，建设资源节约型和环境友好型社会，实现可持续发展的目标，国家大力推行绿色系统集成工作，促进制造业绿色升级。

财政部、工业和信息化部自 2016 年开始部署绿色制造系统集成的研发和应用工作，支持企业与科研机构形成联合体，共同建设绿色设计信息数据库、绿色设计评价工具和平台等，在联合体内实现绿色设计资源共建共享。同时明确指出了绿色设计平台建设的重点任务。首先，构建产品全生命周期管理与评价体系，建立面向产品全生命周期的绿色设计信息数据库，开发、应用和推广产品生命周期资源环境影响评价技术和软件工具，应用生命周期评价方法优化原料选择、产品设计和制造方案，并推荐绿色设计众创平台建设，在联合体内实现绿色设计资源共建共享，制定并实施一批绿色设计标准。然后，创建绿色设计技术产业化示范线，开发、应用一批模块化、仿真化、集成化、易回收和高可靠性等的绿色设计工具，以绿色设计为核心，实施设计和制造并行工程，突破绿色设计与制造一体化关键技术，提高产品研制效率，以产品绿色设计升级拉动绿色研发设计和绿色工艺技术一体化提升，提高绿色精益生产能力和产品国际竞争力。

（2）绿色设计系统集成技术研究现状　随着集成概念的提出与绿色发展战略的实施，国内外专家、学者在不同领域从不同角度对集成问题开展理论与共性技术等方面的研究。

国内外学者对绿色制造集成问题进行了探索。集成的思想应用到企业活动中，最早体现为计算机集成制造。1974 年，Joseph 提出计算机集成制造的概念，通过计算机网络技术、数据库技术等软硬件技术，把企业生产过程中的经营管理、生产制造、售后服务等环节联系在一起。其关键是建立统一的全局产品数据模型和数据管理及共享的机制，以保证信息能够及时传递到合适的位置。在绿色制造集成研究方面，刘飞等提出绿色制造需要从系统的角度、集成的角度来考虑和处理有关问题，揭示了绿色制造的一系列集成特性，在此基础上提出了绿色制造系统集成概念。此概念提出综合运用现代制造技术、信息技术、自动化技术、管理技术和环境技术，将企业各项活动中的人、技术、经营管理理念、物能资源和生态环境，以及信息流、物料流、能量流和资金流有机集成，实现企业和生态环境整体优化，从而达到产品上市快、质量好、成本低、服务好、环境影响小，使企业赢得竞争，取得良好的经济效益和社会效益。Tao 等在综合集成系统理论的支持下，从系统工程的角度，构建了绿色制造系统工程集成模型，从空间维度、时间维度等探讨了绿色制造系统的结构和组成。江吉彬等对绿色机电产品集成化开发的基础理论与技术进行研究，着重就系统体系结构、建模、报废回收设计的产品应用模型和使能工具等进行深入探讨。张绪美从生态足迹理论的视角对绿色制造系统内涵进行分析，基于"同态同构"原理，利用"合成场元"和"集成场"理论建立了绿色制造系统集成模型。通过对绿色制造系统物质量的输入/输出的研究，对绿色制造系统的经济效益、社会效益和生态效益进行评价和优化。

面向绿色设计的集成研究主要集中在数据、方法、流程、使能工具和平台等几个方面。

绿色设计数据集成： Zhang 等采用统一的数据建模方法构建多粒度、多层次的数据模型，整合各个生命周期阶段的数据，并引入元模型的概念，建立统一的数据模型。该研究提出了生命周期数据的五种元模型：顶层元模型、设计元模型、生产元模型、维护元模型和恢复元模型。顶层元模型用于描述集成生命周期数据的数据模型。其他四种元模型用于描述多学科数据和文件信息，以及不同生命周期阶段之间的关联关系。该研究通过元模型实例化，实现了模型共享和数据集成。Alemanni 等提出一种基于 CAD 模型的产品生命周期管理新策略，实现了从简单的几何数据采集到全面的产品生命周期信息获取的过渡，将全生命周期的数据进行集成建模。Zhang 提出了全对象统一模型（Total Object Unified Model，TOUM）方法作为产品生命周期管理（Product Lifecycle Management，PLM）的统一建模技术，提供了 PLM 的模型框架。TOUM 由领域模式、领域模板、应用模型和应用数据组成，分别用来抽象制造领域的概念、格式化制造数据的元模型、构造 PLM 的数据模型和实例化 PLM 数据模型的运行时数据。研究提出了基于 TOUM 的三种体系结构，包括开发体系结构、部署体系结构和应用体系结构，以统一和简化 PLM 的建模、设计、实现和部署。Eddy 等提出一种基于语义框架的产品全生命周期设计集成建模方法，通过语义关联将有关产品绿色设计数据、知识、标准和法规等需求集成到设计过程中，支持产品经济、环境和功能的综合优化。屈鹏飞结合复杂产品行业知识，利用与集成的现状、大数据的相关技术，对知识集成后形成的知识大数据提出了复杂产品生命周期设计知识大数据集成和应用研究方法。

绿色设计方法集成：韩明红等针对复杂工程系统设计过程，提出了复杂工程系统多学科设计优化集成环境模型，给出了集成环境的体系结构和技术结构方案，并定义了集成环境优化设计的流程。邵新宇等提出了 LCA 与生命周期成本评估集成评价框架，以及基于矩阵的集成评价算法，建立经济属性与环境属性之间的相互关系，依据集成评价的结果建立环境与成本的优化模型，并通过并行子空间优化算法进行优化。

绿色设计流程集成：张少文基于集成化和系统化的思想，将机电产品绿色设计开发流程作为一个面向产品全生命周期、多方协作、多目标优化的闭环系统加以研究，对机电产品的全生命周期及绿色设计流程进行分析，提出了集成化绿色设计流程的概念。

绿色设计使能工具：生命周期评价软件的使用提高了产品绿色设计的效率，节省了时间和人力成本。国外开发的一些著名的商业软件，如 SimaPro、GaBi 和 TEAM 等，已被广泛应用于生命周期清单分析、生命周期影响评价、环境设计和成本分析。国内也开发了商业化 LCA 分析软件 eBalance。各高校也相继展开了生命周期评估软件的研究。清华大学将产品的配置管理集成到生命周期设计软件中，开发了一种面向产品全生命周期的绿色设计软件。华中科技大学开发了一种包括产品建模、数据处理与计算和影响评价模块的 PLCAPS 生命周期评价软件系统。北京化工大学在充分考虑产品材料消耗、能源消耗和环境影响的基础上，建立了适用于工程机械产品生命周期评价指标的体系，开发了适用于工程机械的生命周期评价软件 CMLCA。上海交通大学提出了基于评价模板的 LCA 方法，并开发了 MPT-LCA 软件系统。武汉大学通过对 LCA 理论方法和软件系统设计的研究，开发了生命周期评价软件 WHUE-LCA。

绿色设计集成平台：Germani 等在不增加成本和不降低实用性的前提下，开发了一个产品设计早期阶段产品可持续性决策任务的集成软件平台，将生态设计融入产品设计过程的传统流程中，能够支持产品设计师进行生态设计。Favia 等探讨了在制造企业技术部门内实施生态设计方法及软件平台 G. EN. ESI 的可行性与局限性。Dassault Systems 发布了 SolidWorks 环境中的 LCA 工具 SolidWorks Sustainability，用户在 SolidWorks 建模过程中通过选择材料生产、产品制造、运输、使用和回收处理等关键生命周期环节的技术选项来构建产品生命周期模型并计算环境影响。Leibrecht 提出了一种基于 C/S 结构的 CAD-LCA 集成系统"Ecologi CAD"。该系统采用了一种与 CAD 模型类似的产品生命周期模型，通过导入 CAD（Pro/E）模型并对与产品特征、零件和装配附加相关的"过程"实现生命周期建模和环境影响评价。苏勇采用层次化分析方法评估材料的有害性，针对 Pro/E 平台开发了材料有害性以及碳排放评估插件。

综上所述，绿色制造集成的基础理论与方法技术目前存在一定的研究基础并逐渐完善，而针对绿色设计系统集成的研究依然处于探索阶段，缺乏全面性和系统性，尚不能支持企业的实际应用。

1.3　绿色设计系统集成关键问题

绿色设计系统集成技术必须围绕绿色设计与常规设计的融合问题，重点突破数据关联、统一建模、流程融合、工具集成及平台开发技术。当前，各领域相关研究存在的关键问题如下。

（1）绿色设计信息数据异构难交换　绿色设计信息覆盖产品全生命周期各个阶段，大量绿色属性数据多源异构且格式不规范。同时，绿色设计还涉及大量常规设计数据的调用，需要解决其中与绿色相关信息的提取、转换问题。进一步，绿色设计信息还需与常规设计系统（如 PLM/PDM 等）进行信息的交换、共享和集成，该过程还存在数据格式和存储模式不一致、缺乏有效接口等问题。

（2）绿色设计方法多元不融合　目前的绿色设计方法，如面向拆卸的设计、面向回收的设计、面向包装的设计等，多着眼于单元生命周期阶段。各设计方法因目标、求解原理等差异，设计参数和结果存在耦合、冲突等问题。在设计过程中，建立面向全生命周期的产品统一模型，实现模型驱动的产品绿色设计研究，尤为薄弱。其中，在进行优化决策的过程中，常规设计多关注产品的功能、质量等需求，缺乏有关资源、能源消耗、环境排放等绿色指标的考量，需要进一步研究多目标、多学科优化及多属性决策等问题。

（3）绿色设计流程分散难管理　目前，绿色设计流程较为分散，缺少有效的流程管控方法，且与常规的设计流程存在不融合等问题。绿色设计过程往往涉及多个独立的设计任务，各任务之间缺少有机联系，设计资源、人员和组织缺乏统一管理，造成设计任务主体复杂、关系不明，设计目标、参数、结果等的矛盾冲突问题。如何突破多主体协同管控及冲突的协商、消解技术，实现绿色设计流程与常规设计流程的有机融合是其中的重点。

（4）绿色设计使能工具孤立难集成　目前针对可回收设计、可拆卸设计、轻量化设计、长寿命设计等开发了较多 DfX 软件工具，但多集中在对生命周期特定阶段或特定目标进行分析和改进方面。如前所述，由于支持这些工具的设计方法本身存在多元不融合的弊端，因此会不可避免地造成使用这些工具带来的设计参数、目标和结果的耦合、冲突问题，难以有效支持产品的绿色设计和开发。

（5）绿色设计系统集成平台缺乏难构建　正是由于上述四个问题的存在，绿色设计系统与现有设计系统融合难度大，导致集成平台难以开发。同时，绿色设计对集成平台的功能、业务流程、服务模式等提出了全新需求，目前缺少相关的开发经验积累和技术研究，阻碍了绿色设计在企业中的应用、推广。

1.4　本书内容框架

本书共分为 6 章，对绿色设计系统集成技术的内涵、框架、共性技术、平台开发进行简要介绍。本书的主要内容和结构组织如图 1-4 所示。

第 1 章：介绍绿色设计的研究背景与现状。概括绿色设计系统集成技术的国内外战略需求与发展，总结绿色设计系统集成技术的概念与内涵，提出目前该领域研究与应用存在的关键及共性问题。

第 2 章：介绍绿色设计系统集成的目标和原则。阐述集成过程涉及的各要素组成，对集成框架及数据、方法、流程、使能工具各集成部分进行分析，并梳理各部分关联机制。

第 3 章：介绍绿色设计数据集成，提出"绿色属性数据"概念，对绿色属性数据的获取、处理进行介绍。阐述绿色属性数据库需求分析与架构设计，提出融合场景的绿色属性数据库构建方法，并对数据库集成及应用进行说明。

第 4 章：介绍现有单元设计方法及其研究趋势。提出基于"绿色特征"和"宏—微特征"的产品全生命周期建模方法。介绍多目标与多学科优化、多属性决策方法在绿色设计中的应用，并通过案例对上述方法进行说明。

第 5 章：结合常规设计流程，阐述绿色设计流程集成的特点。对绿色设计流程的全生命周期信息流动机制进行分析，并总结提出绿色设计信息的提取和调用方法。针对绿色设计流程与常规设计流程的融合问题，提出绿色设计流程协同管理机制和冲突消解策略。通过实例，介绍绿色设计流程集成建模方法，实现绿色设计流程可视化表达。

第6章：依据前述章节内容，提出绿色设计系统集成平台构建方法。基于XML技术和Web Service协议实现数据的共享和工具的交互。进一步对平台业务、功能等架构进行论述，介绍其常用开发环境、平台部署、中台服务机制，提出集成平台的发展趋势。

本书的主要内容和组织结构如图1-4所示。

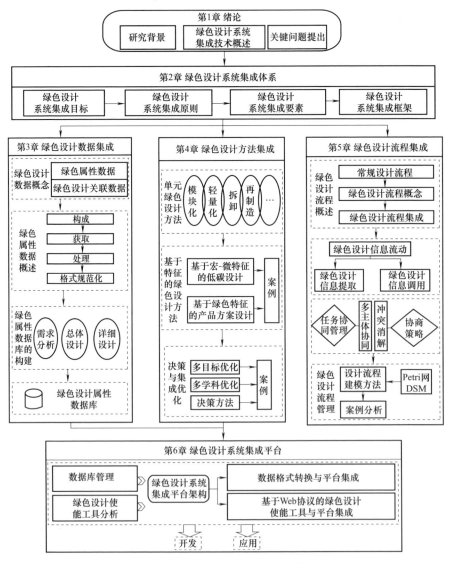

图1-4 本书的主要内容和组织结构

参 考 文 献

[1] NGWENYA E. Is the greenhouse effect or global warming perceived as a very serious environmental problem, multi-country statistical evidence using selected demographic variables [J]. International Journal of Climate Change Impacts & Responses, 2012, 3 (3): 133-148.

[2] 卢飞. 基于 GRACE RL05 数据的近十年全球质量变化分析 [D]. 成都: 西南交通大学, 2015.

[3] ZHOU K L, LIU T G, ZHOU L F. Industry 4.0: Towards future industrial opportunities and challenges [C] //ZHANG J J. International Conference on Fuzzy Systems and Knowledge Discovery. China: IEEE, 2016: 2147-2152.

[4] 工业和信息化部. 工业和信息化部关于印发工业绿色发展规划 (2016—2020 年) 的通知 [EB/OL]. (2016-07-18) [2022-02-23]. https://www.miit.gov.cn/jgsj/jns/gzdt/art/2020/art_4290757b7785460795cc49f4fc3ecba4.html, 2022-1-27.

[5] 周济. 智能制造: "中国制造 2025" 的主攻方向 [J]. 中国机械工程, 2015 (17): 2273-2284.

[6] 工业和信息化部. 2017 年工业节能与综合利用工作要点 [EB/OL]. (2017-03-10) [2022-02-23]. https://www.miit.gov.cn/jgsj/jns/gzdt/art/2020/art_69c1b2ca16fd458faef49bff90fb786c.html.

[7] 刘光复, 刘志峰, 李纲. 绿色设计与绿色制造 [M]. 北京: 机械工业出版社, 2001.

[8] ZHANG L, YANG K, ZHANG C, et al. Optimization method of product green design scheme based on attribute mapping [J]. Journal of Mechanical Engineering, 2019, 55 (17): 153.

[9] PAPANEK V. Design for the real world [M]. Chicago: Academy Chicago Publishers, 1985.

[10] 曾珍香, 顾培亮. 可持续发展的概念及内涵的研究 [J]. 管理世界, 1998 (2): 209-210.

[11] ALTING L. Life cycle engineering and design [J]. Annals of Cirp, 1995, 44 (2): 569-580.

[12] 张雷, 彭宏伟, 刘志峰, 等. 绿色产品概念设计中的知识重用 [J]. 机械工程学报, 2013, 49 (7): 72-79.

[13] 王黎明, 李龙, 付岩, 等. 基于绿色特征及质量功能配置技术的机电产品绿色性能优化 [J]. 中国机械工程, 2019, 30 (19): 2349-2355.

[14] BEREKETLI I, GENEVOIS M E. An integrated QFDE approach for identifying improvement strategies in sustainable product development [J]. Journal of Cleaner Production, 2013, 54 (9): 188-198.

[15] YOUNESI M, ROGHANIAN E. A framework for sustainable product design: a hybrid fuzzy approach based on Quality Function Deployment for Environment [J]. Journal of Cleaner Production, 2015, 108: 385-394.

［16］ LIU H. An integrated fuzzy decision approach for product design and evaluation ［J］. Journal of Intelligent & Fuzzy Systems, 2013, 25 (3): 709-721.

［17］ ZHANG Y Z, LUO X F, BUIS J, et al. LCA-oriented semantic representation for the product life cycle ［J］. Journal of Cleaner Production, 2015, 86 (1): 146-162.

［18］ QIN Y, PAN X Q, DAO Z W, et al. Research on individualized product requirement expression based on semantic network ［J］. Physics Procedia, 2012, 25: 1926-1933.

［19］ 张雷, 刘光复, 刘志峰, 等. 大规模定制模式下绿色设计产品信息模型研究 ［J］. 计算机集成制造系统, 2007 (6): 1054-1060.

［20］ 陈建, 赵燕伟, 李方义, 等. 基于转换桥方法的产品绿色设计冲突消解 ［J］. 机械工程学报, 2010, 46 (9): 132-142.

［21］ 刘志峰, 张磊, 顾国刚. 基于绿色设计的洗碗机内胆材料选择方法研究 ［J］. 合肥工业大学学报 (自然科学版), 2011, 34 (10): 1446-1451.

［22］ RAO R V. A decision making methodology for material selection using an improved compromise ranking method ［J］. Materials & Design, 2008, 29 (10): 1949-1954.

［23］ 彭安华, 肖兴明. 基于生命周期评价的绿色材料多属性决策 ［J］. 机械科学与技术, 2012, 31 (9): 1439-1444.

［24］ NAKAMURA S, YAMASUE R. Hybrid LCA of a design for disassembly technology: active disassembling fasteners of hydrogen storage alloys for home appliances ［J］. Environmental Science & Technology, 2010, 44 (12): 4402-4408.

［25］ 陈璐, 蒋丹东, 蔡建国, 等. 可拆卸性设计中的面向对象建模技术研究 ［J］. 中国机械工程, 2000, 11 (9): 987-990.

［26］ 高建刚, 段广洪, 汪劲松, 等. 面向回收设计中拆卸与或图方法的研究 ［J］. 计算机集成制造系统, 2002, 8 (7): 575-579.

［27］ MICHELE G, MAUD D, MARCO M, et al. Integrated Software Platform for Green Engineering Design and Product Sustainability ［C］//Re-engineering manufacturing for sustainability: Proceedings of the 20th CIRP International Conference on Life Cycle Engineering. Berlin: Springer, 2013: 87-92.

［28］ MOMBESHORA I, DEKONINCK E. Web-based portal for sharing information through CAD/PLM software during the eco-product development process ［C］//Product Lifecycle Management for Society. Berlin: Springer, 2013: 375-384.

［29］ 工业和信息化部. 《中国工业产品绿色设计进展报告 (2017)》 ［EB/OL］. ［2022-02-23］. https://www.miit.gov.cn/cms_files/filemanager/oldfile/miit/n1146285/n1146352/n3054355/n3057542/n3057548/c6001809/part/6001813.pdf.

［30］ 财政部, 工业和信息化部. 关于组织开展绿色制造系统集成工作的通知 ［EB/OL］. (2016-11-24) ［2022-01-24］. https://www.miit.gov.cn/jgsj/jns/lszz/art/2020/art_0a7399df6ca7422f93272f5526dad7dc.html.

[31] 刘飞,张华,陈晓慧. 绿色制造的集成特性和绿色集成制造系统 [J]. 计算机集成制造系统, 1999 (4): 9-13.

[32] TAO P, ZHAO G. Research on the Green Manufacturing System and Its Structure [A] //Proceedings of the 6th International Conference on Electronic, Mechanical, Information and Management Society. Paris: Atlantis Press, 2016.

[33] 江吉彬. 绿色机电产品集成化开发系统建模技术与应用研究 [D]. 合肥: 合肥工业大学, 2003.

[34] 张绪美. 基于生态足迹的绿色制造系统集成及运行研究 [D]. 武汉: 武汉科技大学, 2016.

[35] ZHANG Y F, REN S, LIU Y, et al. A framework for big data driven product lifecycle management [J]. Journal of Cleaner Production, 2017, 159 (15): 229-240.

[36] ALEMANNI M, DESTEFANIS F, VEZZETTI E. Model-based definition design in the product lifecycle management scenario [J]. The International Journal of Advanced Manufacturing Technology, 2011, 52 (1): 1-14.

[37] ZHANG S M. Total object unified model driven architecture of product lifecycle management [J]. International Journal of Product Lifecycle Management, 2011, 5 (2): 242-252.

[38] EDDY D, KRISSHNAMURTY S, GROSSE I, et al. An Integrated approach to information modeling for the sustainable design of products [J]. Journal of Computing and Information Science in Engineering, 2014, 14 (2): 021011.1-021011.13.

[39] 屈鹏飞. 复杂产品生命周期设计知识大数据集成和应用研究 [D]. 杭州: 浙江大学, 2016.

[40] 韩明红,邓家褆. 复杂工程系统多学科设计优化集成环境研究 [J]. 机械工程学报, 2004, 40 (9): 100-105.

[41] 邵新宇,邓超,吴军,等. 产品设计中生命周期评价与生命周期成本的集成与优化 [J]. 机械工程学报, 2008 (9): 19-26.

[42] 张少文. 机电产品绿色设计的集成化过程与方法模型研究 [J]. 轻工机械, 2011, 29 (4): 36-39.

[43] 向东,汪劲松,段广洪. 绿色产品生命周期分析工具开发研究 [J]. 中国机械工程, 2002, 13 (20): 1760-1764.

[44] 邓超,夏添,吴军. 产品生命周期评价原型系统设计和开发 [J]. 计算机集成制造系统, 2005 (9): 1319-1326.

[45] 金美灵. 工程机械生命周期评价研究及其软件的设计开发 [D]. 北京: 北京化工大学, 2010.

[46] 杨鸣. 机电产品模块化生命周期评价方法研究及其软件开发 [D]. 上海: 上海交通大学, 2011.

[47] 张亚平. 生命周期评价软件系统的设计与实现 [D]. 武汉: 武汉大学, 2004.

［48］ GERMANI M，DUFRENE M，MANDOLINI M，et al. Integrated Software Platform for Green Engineering Design and Product Sustainability ［A］//Re-engineering manufacturing for sustainability：Proceedings of the 20th CIRP International Conference on Life Cycle Engineering. Berlin：Springer，2013：87-92.

［49］ FAVI C，GERMANI M，MANDOLINI M，et al. Implementation of a software platform to support an eco-design methodology within a manufacturing firm ［J］. International Journal of Sustainable Engineering，2018（2）：1-18.

［50］ LEIBRECHT S. Fundamental principles for CAD-based ecological assessments ［J］. International Journal of Life Cycle Assessment，2005，10（6）：436-444.

［51］ 刘宇. 基于特征的双肘杆伺服压力机LCA方法研究［D］. 上海：上海交通大学，2015.

［52］ 苏勇. 基于Pro模型驱动的零件材料有害性及碳排放［D］. 合肥：合肥工业大学，2015.

第 2 章

———

绿色设计系统集成体系

　　绿色设计涉及制造学、材料学、管理学、环境学、社会学等诸多学科的内容，具有鲜明的多学科交叉、多系统集成特性。绿色设计系统集成主要通过在设计过程中引入系统化的思想，研究解决信息数据异构难交换、方法多元不融合、流程分散难管理、使能工具孤立难集成等问题。本章对绿色设计系统集成目标、原则以及要素进行阐述分析，并梳理绿色设计系统集成体系架构，分析绿色设计数据集成、方法集成、流程集成和使能工具集成等关键技术，厘清各部分关联关系。

2.1　绿色设计系统集成目标与原则

▷ 2.1.1　绿色设计系统集成目标

　　从总体上来看，绿色设计系统集成的主要目标如下。

　　(1) 实现设计信息的交流、共享　通过调用常规设计信息数据，实现与绿色设计相关联的信息数据的提取、转换。进一步，通过建立有效接口，支持绿色设计数据库与常规设计系统（PLM/PDM 等）信息数据的交换、共享与集成。

　　(2) 支持模型驱动的绿色设计方法　从全生命周期角度出发，构建产品设计信息统一模型，支持模型驱动的绿色设计多目标、多学科优化及多属性决策，实现绿色设计方案的高效生成。

　　(3) 融合现有设计流程与绿色设计流程　将产品绿色设计流程有效地融入常规设计过程中，建立合理、规范的集成化绿色设计流程，支持设计过程的任务、资源、人员和组织等的统筹管控，实现冲突问题的有效协商与消解。

　　(4) 集成使能工具和系统应用　通过 XML 技术、Web Service 等协议，构建通用的、平台无关及语言无关的虚拟技术层，实现异构数据、不同使能工具的有效连接和集成交互。

　　基于以上目标，开发绿色设计系统集成平台，支持绿色设计数据服务、方法服务、流程服务、使能工具服务。企业相关设计人员可依托平台检索、获取或发布绿色设计相关知识，进行产品绿色设计相关知识的解释、分析和表达，实现绿色设计的信息建模、方案评估和优化决策。

▷ 2.1.2　绿色设计系统集成原则

　　绿色设计系统集成一般应遵循以下五大原则。

　　(1) 系统性原则　包括时间系统性、空间系统性和优化决策系统性三个方面。绿色设计系统集成技术面向产品全生命周期，综合分析产品系统所有活动，系统考虑技术性、经济性、环境性等因素，综合运用多目标、多学科优化和多属性决策方法，实现产品设计的科学决策、系统优化。

（2）集成性原则 现有的绿色设计方法、流程、工具及数据库相对孤立分散，与企业现有技术的关联性、集成性、共享性低，需要对设计数据、方法、流程、使能工具等进行集成，并进一步构建绿色设计系统集成平台，实现常规设计与绿色设计的无缝融合。

（3）开放性原则 包括平台的开放与资源的共享。支持与企业现有的 PLM/PDM 系统进行信息交互与数据集成。通过接口开放、服务开放，提供面向不同应用的设计服务。产品设计各主体能够按需求和权限使用集成平台，实现绿色设计资源的协作交流和开放共享。

（4）并行性原则 支持并行设计。综合考虑产品全生命周期，绿色设计系统集成可以有效支持多学科小组、多设计主体并行及协同工作，通过数据并行、方法并行、流程并行以及工具并行，实现产品系统的集成、一体化设计。

（5）标准化原则 应符合相应的国内外标准和相关行业规范。绿色设计系统集成服务必须在标准和接口上统一，符合信息系统规范，保障系统的统一性和完整性，支持系统升级和扩展，以及与企业其他系统或设备互联互通。

2.2 绿色设计系统集成要素

绿色设计系统集成技术将设计过程中的信息流、物质流、能量流、价值流、知识流等综合优化，实现人员/组织、信息、方法、流程、工具等多方面要素协同运行，如图 2-1 所示。

企业设计人员在设计过程中，以客户需求为导向，以生产资源为约束，通过各要素的有效管理与协同运作，满足设计目标。

从全局角度将产品绿色设计系统集成过程涉及的各要素进行分类整理，可归纳为如下类别。

1. 人员与组织

人员与组织要素一般指参与产品全生命周期设计的相关组织和人员。在需求分析、概念设计、方案设计、详细设计等不同设计流程都涉及相应的绿色设计人员与设计组织。

设计人员是设计活动的主体承担者，通过设计人员的通力协作，形成产品绿色设计方案。所涉及的人员主要为产品经理、设计师、研发工程师、测试人员等。另外，还应有产品加工制造商、包装运输商、销售商、用户、报废回收商等的参与。

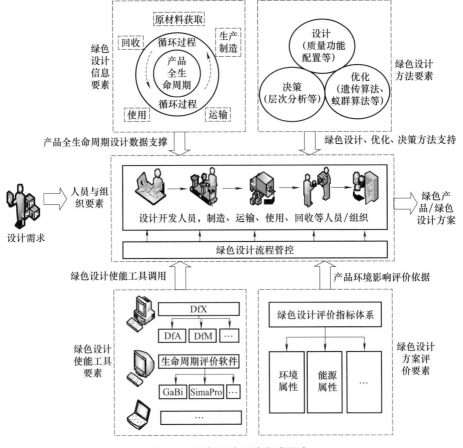

图 2-1　绿色设计系统集成要素

在加工制造过程中，加工装备、方式对能耗、环境排放都会产生重要影响。包装运输过程中，选取的包装材料、包装方式、运输方式等的差异会对环境产生不同的影响。合理的包装、运输策略能够有效降低包装、运输过程的环境排放。销售过程中，用户需求、用户意见、市场倾向等可以为产品设计提供第一手资料。用户在使用产品时的使用环境、工作时长、维修保养情况等会对产品寿命、使用耗电量等产生影响，对应不同的环境排放。

报废回收商负责产品的报废、拆卸、回收和再资源化。《电子信息产品污染防治管理办法》中明确规定了"生产者应该承担其产品废弃后的回收、处理、再利用的相关责任"。正在推行的生产者责任延伸制度也明确规定了生产者应承担的责任，不仅在产品的生产过程之中，而且还要延伸到产品的整个生命周期，特别是废弃后的回收和处置，所以设计人员也具有回收商的角色。

▶ **2. 绿色设计信息**

绿色设计信息要素主要包括产品全生命周期环境信息、绿色设计相关联的常规设计信息，具体见本书第 3 章 3.1 节。产品全生命周期包含原材料获取、设计开发、加工制造、包装运输、使用维护、报废回收阶段。原材料获取阶段的信息应包含材料基本信息，以及材料制备过程中的能源、资源消耗、环境影响排放等相关信息。产品的加工制造过程是能源消耗和污染排放产生的重要阶段，其中，往往涉及辅助物料、切削液等资源和电能、天然气等能源消耗，会产生废气、废液、固体垃圾等排放，以及噪声、热辐射。这些消耗、排放信息在产品全生命周期绿色性评估中不可或缺。包装运输阶段的信息一般涉及包装方式、运输方式、运输工具、运输距离等信息，以及在运输过程中产品的燃油、天然气、电能等能源消耗及环境排放信息。使用维护过程是影响产品环境性能的重要阶段，使用过程产生资源、能源消耗，以及环境排放和噪声污染，甚至可能存在有害物的排放。维护次数等对产品寿命有重要影响。报废回收阶段的信息主要包括报废方式、回收方式、回收类型，以及回收过程中的能源、资源消耗和排放。产品全生命周期阶段的主要环境信息见表 2-1 所列。

表 2-1 产品全生命周期阶段的主要环境信息

全生命周期阶段	环境有关信息
原材料获取	选取材料类型、质量、尺寸、产地等 金属资源、非金属资源等类型、用量 化石能源、电能等类型、用量 废气、废液、固体垃圾等排放类型、排放量
加工制造	加工工艺、人员、设备等 辅料、切削液、水等资源类型、用量 电能、天然气等能源类型、用量 废气、废液、固体垃圾等排放类型、排放量 噪声类型、等级 电磁辐射、热辐射
包装运输	包装方式、材料等 运输方式、工具、距离、路线、人员等 燃油、天然气、电能等能源类型、用量 废气、废液、固体垃圾等排放类型、排放量

（续）

全生命周期阶段	环境有关信息
使用维护	使用寿命、频率、人员、方式、维修次数、维修时长等 辅料、切削液、水等资源类型、用量 电能、天然气、燃油等能源类型、用量 废气、废液、固体垃圾等排放类型、排放量 噪声类型、等级
报废回收	报废处理方式、回收方式、类型、设备、人员、地点、回收率等 电能、天然气、燃油等能源类型、用量 废气、废液、固体垃圾等排放类型、排放量

常规设计信息一般包括设计 BOM（物料清单）、制造 BOM、工艺 BOM、采购 BOM、包装信息、运输信息、用户信息、使用维护信息、拆卸回收信息、报废处置信息、各类技术规范、标准、法令法规，以及产品成本类信息（包括企业各类成本信息）和经营收益、社会效益、环境效益、品牌等信息。其中，成本信息包括资源成本、管理成本、生产成本、经营成本、包装成本、运输成本、回收成本、废弃物处理成本、环境惩罚费用税收等。目前各类信息可以通过企业内部的企业资源规划系统（Enterprise Resource Planning，ERP）、供应链管理系统（Supply Chain Management，SCM）、客户关系管理系统（Customer Relationship Management，CRM）、产品生命周期管理系统（Product Life Cycle Management，PLM）以及制造执行系统（Manufacturing Execution System，MES）等进行有效管理，具体见表 2-2 所列。

表 2-2　企业常用信息管理系统

系　　统	特　　点
ERP	ERP 将企业的人、货物等都视为资源，然后进行优化，最大程度地达到资源合理化利用，让信息共享的同时，使生产管理能有序有效进行。在目标上充分体现对成本的控制、对质量的控制和对客户服务的管理。ERP 代表功能有主生产计划、物料需求计划、原材料采购计划、车间作业计划、工装设备管理、财务系统管理、库存管理等
SCM	SCM 是一种集成的管理思想和方法，它执行供应链中从供应商到最终用户的物流的计划和控制等职能。从单一的企业角度来看，是指企业通过改善上、下游供应链关系，整合和优化供应链中的信息流、物流、资金流，以获得企业的竞争优势
CRM	CRM 是指以客户为核心的，企业和客户之间在品牌推广、销售产品或提供服务等场景下所产生的各种关系的处理过程，其最终目标是吸引新客户关注并转化为企业付费用户，提高老客户留存率并帮助转介绍新用户，以此来增加企业的市场份额及利润，增强企业竞争力

系　　统	特　　点
PLM/ PDM	PLM 关注重点为产品的开发过程，属于研发产品数据管理的高级阶段，主要针对研发产品项目的各个阶段所有数据进行管理。PDM 表示产品数据管理，属于研发产品数据管理的初级阶段，主要针对研发产品物料、BOM 结构和文档进行管理。简单说就是主要管理产品的设计、工艺、技术数据和电子图样，从而实现设计图样的安全和共享的管控。PDM 功能是 PLM 中的一个子集
MES	MES 是一套面向制造企业车间执行层的生产信息化管理系统。MES 可以为企业提供包括制造数据管理、计划排程管理、生产调度管理、库存管理、质量管理、人力资源管理、工作中心/设备管理、工具工装管理、采购管理、成本管理、项目看板管理、生产过程控制、底层数据集成分析、上层数据集成分解等管理模块，为企业打造一个扎实、可靠、全面、可行的制造协同管理平台

　　常规设计信息中蕴含大量与绿色设计相关联的设计信息，该类信息需要从常规设计信息中进行筛选和提取，从而支持绿色设计的开展。

⫸ 3. 绿色设计方法

　　将绿色设计理念融入常规设计时，需要在满足常规设计的基础上综合考虑环境影响因素，设计出合理、高效、绿色的新产品。绿色设计的方法要素主要包括产品绿色设计方法和优化决策方法等。绿色设计方法一般包括单元设计方法以及面向全生命周期的绿色设计方法。

　　单元设计方法通常指面向 X 的设计（Design for X，DfX）方法。DfX 是多种技术的合称，其中 X 可以分为两大类：①面向全生命周期特定阶段的设计，例如面向制造的设计（Design for Manufacturing，DfM）、面向装配的设计（Design for Assembly，DfA）、面向拆卸的设计（Design for Disassembly，DfD）、面向回收的设计（Design for Recycling，DfR）等；②面向特定设计目标的设计，其本质是针对特定设计目标所构成的设计方法或一系列设计指导原则，例如轻量化设计（Lightweight Design）、面向节能的设计（Design for Energy Saving）等。此外，面向环境的设计（Design for Environment，DfE）是基于原有 DfX 思想、面向环境目标的设计方法和技术的统称，也就是说，DfE 并非指具体的设计工具，而是一个设计思想及基于这种思想的方法体系。

　　面向全生命周期的绿色设计方法要求基于完整、可重用和统一数据格式的全生命周期绿色设计模型进行驱动，通过设计数据的有效集成、设计方案的有效评估决策，指导绿色设计方案的生成。由于产品设计过程中存在着大量异构、跨学科的设计信息，在产品全生命周期的不同阶段形成信息孤岛，目前面向全生命周期的绿色设计方法及其应用机制处于探索研究阶段。基于作者团队已承担的国家自然科学基金"基于绿色特征的产品方案设计建模研究""面向方案设计的产品宏—微特征与碳排放关联建模及碳效益评估"等项目，提出基于"绿色特征"和基于"宏—微特征"的全生命周期绿色设计信息集成模型。通过对全生命周期设计信息进行集成化表达，支持产品全生命周期设计。

基于构建的绿色设计信息集成模型，以技术性、经济性、环境性为目标，运用多目标、多学科优化和多属性决策方法获取绿色设计方案。优化、决策方法包括多目标优化方法（如约束法、加权法、分层序列法、遗传算法、蚁群算法、差分进化算法等）、多学科设计优化方法（如并行子空间算法、协同优化算法、增强型协同算法、两层综合集成算法、目标分流法等）和多属性决策方法（如灰色关联度评价法、逼近理想解排序法、模糊综合评价法等）。

▶▶4. 绿色设计方案评价

产品进行绿色设计的目的是设计出技术先进、环境友好的绿色产品。进行产品绿色性综合评价的前提条件是构建科学合理的评价指标体系。该指标体系的制定应遵循以下主要原则。

1）系统性原则。评价指标体系要有能够反映技术属性、经济属性、资（能）源属性以及环境属性的各项指标，并且在评价过程中分清主次，抓住主要因素。

2）科学性原则。力求客观、真实、准确地反映被评价对象的"绿色"属性。另外，指标数据值的测定和统计方法要标准、规范，确保数据的可信度。

3）可行性原则。在评价中，既要把握被评对象"质"的一面，对其进行定性分析，又要把握被评对象"量"的一面，对其进行定量分析，评价指标应尽可能地量化。同时，指标项目要适量，内容应简洁、符合实际，方法可行。

4）不相容性原则。评价项目众多，应尽可能避免相同或含义相近的变量重复出现，做到简洁、概括并具有代表性。

5）动态、静态评价原则。有的评价指标受市场及用户需求等因素的制约，对产品设计的要求也将随着工业技术的发展和社会的发展而不断变化。在评价中，既要考虑到被评对象的现有状态，又要充分考虑到未来发展。

绿色性评价指标体系是一个典型的多层次指标体系。由于产品的类型多种多样，不同类型的产品又有不同的设计、使用要求和环境特性等，产品的绿色性评价体系也会呈现多样性。以机电产品为例，依据产品特点，综合多方面因素，构建机电产品设计方案绿色性综合评价体系，仅供参考，如图2-2所示。

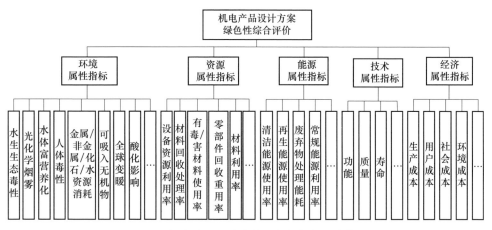

图 2-2 机电产品设计方案绿色性综合评价体系

产品绿色性评价体系的环境属性主要是产品在全生命周期对环境产生影响的描述，是绿色产品的重要特征之一。这里基于全生命周期评价方法，结合机电产品生命周期特性，列举用于评估的 10 类产品环境影响评价指标类型及其特点见表 2-3 所列。

表 2-3　环境影响评价指标类型及其特点

环境影响评价指标类型	特　　点
金属资源消耗	铜、铁、锰、锌等金属资源的消耗
非金属资源消耗	气体（压缩空气等）或辅助物料（切削液等）等非金属的消耗
水资源消耗	产品全生命周期中对于水资源的消耗
化石能源消耗	主要表现在生产、运输和使用等阶段对于燃油、天然气、电能等化石能源的消耗
全球变暖	温室气体是引起全球变暖的主要物质，如 CO_2、CH_4、N_2O、$CFCl_3$、CF_2Cl_2、$CFCl_2CH_3$、CCl_4、CH_3CCl_3 等
酸化影响	酸化影响主要表现为酸雨的形成，酸雨是指雨水中包含一定数量的酸性物质，且 pH<5.6 的自然降雨现象，包括雨、雪、雹、露等。形成酸雨的物质主要包括 SO_x、NO_x、HF、H_2S、NH_3 等
人体毒性	主要包含噪声、粉尘、辐射和各种有毒物质。衡量噪声的指标有声强、频率、声压、噪声级、声压级、噪声源；粉尘对人体健康的损害是指产品在生产、使用、回收中产生的各种颗粒状物质对人体健康的损害；衡量辐射污染的指标主要有场强、频率以及与距离辐射源的距离等；产品在生产、使用、回收中产生的有毒物质会对人体健康产生损害，如各种重金属及其化合物、各种有机毒物、氰化物等

（续）

环境影响评价指标类型	特　点
水体富营养化	水体富营养化指的是水体中氮、磷等营养盐含量过多而引起的水质污染现象。目前一般采用的指标是：水体中氮含量超过 0.3mg/L，生化需氧量大于 10mg/L，磷含量大于 0.02mg/L，pH 值为 7~9 的淡水中细菌总数每毫升超过 10 万个，表征藻类数量的叶绿素-a 含量大于 10μg/L
水生生态毒性	产品生产过程中产生大量的工业废水排入江河、海洋等水体，废水中含有大量铅、铬、镍等毒性物质，随食物链沉积在动植物体内，引起中毒现象，危害生态系统安全。废水通常用六价铬作为其污染程度的指标
光化学烟雾	光化学烟雾是指大气中的污染物因光照发生化学反应而产生的混合烟雾，烟雾中含有多种有害化学物质，具有很强的氧化性，伤害植物表皮，对人和动物的眼睛及呼吸道黏膜造成破坏，还可造成橡胶制品和建筑物等寿命缩短。造成光化学烟雾的污染物主要来自化石燃料燃烧产生的氮氧化物和碳氢化合物

▶▶5. 绿色设计使能工具

目前绿色设计使能工具要素主要有单元设计工具、生命周期评价工具等。单元设计工具是指材料选择、拆卸回收等面向生命周期单个阶段或节能设计、轻量化设计等面向特定目标的绿色设计使能工具。生命周期评价工具能够实现对产品全生命周期环境影响程度的评估，如 SimaPro、GaBi 等。绿色设计系统集成涵盖的使能工具要素主要见表 2-4 所列。

表 2-4　绿色设计系统集成涵盖的使能工具

使能工具种类	使能工具名称
单元设计工具	主要包括 DfX 技术，在这里，X 可以是拆卸、再制造、回收、废弃、使用、维修、制造和服务等阶段或轻量化、节能等目标
生命周期评价工具	SimaPro、GaBi、TEAM、KCL-ECO、LCAiT、TEAM、Umberto、SolidWorks Sustainability、eBalance 等

2.3　绿色设计系统集成框架

绿色设计系统集成主要由绿色设计数据集成、方法集成、流程集成、使能工具集成四部分构成。各部分依托于统一的基础数据之上，在设计过程中进行关联及集成应用，实现功能调用、流程衔接与信息传递的协同管控。其整体框架如图 2-3 所示。

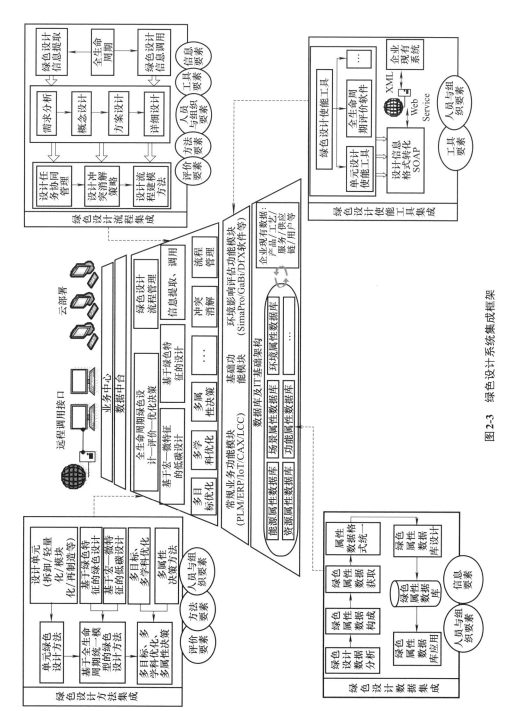

图 2-3 绿色设计系统集成框架

▶ **1. 绿色设计数据集成**

绿色设计数据涵盖产品全生命周期设计过程的所有信息要素，包括绿色关联设计数据与绿色属性数据。绿色关联设计数据通过提取常规设计中与绿色设计相关联的设计数据获得。绿色属性数据一般可分为资源属性数据、能源属性数据、环境排放属性数据、场景属性数据四种类型。通过绿色属性数据的获取、处理以及格式规范化，设计并构建绿色属性数据库。

绿色设计数据集成为设计方案的评价与决策优化提供清单数据等基本支持。另外，将绿色设计数据与企业现有系统的设计数据格式进行有效集成，从而为绿色设计系统集成平台提供数据服务。

▶ **2. 绿色设计方法集成**

绿色设计方法集成主要解决设计过程中信息集成表达、方案优化决策等问题。通过构建统一的绿色设计信息模型，如基于宏—微特征和基于绿色特征的全生命周期绿色设计模型，对全生命周期信息进行集成管理和综合决策。通过多目标、多学科等优化方法实现绿色设计方案的系统优化，进一步采用多属性决策方法获得理想绿色设计方案。

▶ **3. 绿色设计流程集成**

绿色设计流程集成的核心是将绿色设计融入常规设计流程中，以解决绿色设计流程分散、实施效率低、主体关系复杂的问题，促进绿色设计在企业中的实际应用。通过对产品各阶段信息的提取和调用，实现设计流程的信息共享。通过构建绿色设计协同机制，以协调多设计任务和管理各设计主体关系，并通过协商策略、转换桥等方法解决设计冲突的消解问题。基于上述方法，可采用基于设计结构矩阵（Design Structure Matrix，DSM）、Petri 网等流程建模技术，建立绿色设计流程集成模型，构建面向不同应用目标的设计流程应用视图。

绿色设计流程集成通过对绿色设计过程中的任务、数据、方法、权限等管控，为产品绿色设计提供向导服务。同时，依托绿色设计系统集成平台，实现对绿色设计数据、绿色设计方法的匹配、调用。

▶ **4. 绿色设计使能工具集成及平台开发**

绿色设计使能工具集成主要实现绿色设计工具间的交互。使能工具包括绿色设计的单元工具和生命周期评估工具等。针对不同绿色设计使能工具硬件平台、操作系统、通信协议等之间的差异化问题，基于 Web Service 标准协议和 XML 技术高度可集成能力的特点，在各种异构系统的基础上构建一个通用的、平台无关及语言无关的虚拟技术层，实现绿色设计使能工具集成。

以绿色设计数据集成作为底层支撑，以绿色设计方法集成提供设计方案评估与优化共性技术，以绿色设计流程集成实现设计各阶段流程的统一管控，依托绿色设计使能工具的有效集成，构建绿色设计系统集成平台。

该平台可支持产品全生命周期内的设计、制造、运输、使用、回收处理等阶段的数据访问、方法实施、流程协调、使能工具调用等功能，同时具有"高内聚、松耦合"的产品绿色设计服务特点。各部分之间具有较强的独立性，支持开发用户管理、数据管理、方法管理、流程管理、使能工具管理等绿色设计微服务。通过微服务技术对产品全生命周期各阶段的设计工具进行独立开发和测试，支持多频次部署改进。另外，通过统一的接口可以实现相互间的无缝集成，支持产品的设计、评价和优化。因此，绿色设计系统集成平台具有较强的灵活性和扩展性，不仅可以根据客户需求进行选择和搭配使用，而且具备很好的二次开发接口，有效支持绿色设计系统集成的动态改进。

2.4 本章小结

本章基于绿色设计系统集成特点，明确绿色设计系统集成的目标和原则，并对绿色设计系统集成涵盖的各要素进行分析。通过梳理各要素关联关系，提出基于绿色设计数据集成、方法集成、流程集成、使能工具集成的绿色设计系统集成体系框架，并进一步分析了各部分特点，阐述了其关联机制。

参 考 文 献

［1］ 张城，刘志峰，杨凯，等. 产品环境性能优化潜力识别方法［J］. 机械工程学报，2017，7（53）：145-153.

［2］ 黄继. 绿色再制造集成技术创新平台研究［J］. 科学管理研究，2008，26（1）：59-62.

［3］ ELISABETH J，MICHAEL U，et al. Enterprise resource planning：Implementation procedures and critical success factors［J］. European Journal of Operational Research，2003，146（2）：241-257.

［4］ KRICHEN S，JOUIDA S B. Introduction to supply chain management［M］. Hoboken：John Wiley & Sons Ltd.，2015.

［5］ 刘建勋，胡涛，张申生. 基于工作流与 XML 的敏捷供应链管理系统集成框架研究［J］. 计算机集成制造系统，2001（6）：6-10.

［6］ NGAI E，XIU L，CHAU D. Application of data mining techniques in customer relationship management：a literature review and classification［J］. Expert Systems with Applications，2009，

36 (2)：2592-2602.

[7] SCHROEDER H. The Current State of Product Life-Cycle Management [J]. Sustinability：The Journal of Record，2016，9 (2)：65-72.

[8] ROLON M，MARTINEZ E M. Agent-based modeling and simulation of an autonomic manufacturing execution system [J]. Computers in Industry，2012，63 (1)：53-78.

[9] 苏庆华. 面向机电产品设计的产品绿色度评价系统的研究与实现 [D]. 杭州：浙江大学，2003.

第 3 章

——

绿色设计数据集成

　　绿色设计数据一方面涉及产品全生命周期各个阶段，另一方面还涉及资源、能源、环境等各个领域。因此，与常规设计数据相比，绿色设计数据的多源异构问题表现得尤为突出，给数据的存储和应用管理带来更大挑战，制约了绿色设计数据的交换、共享等，必须进行数据的规范化和集成化管理。绿色设计数据可划分为绿色关联设计数据与绿色属性数据两大类，本章将重点就绿色属性数据的构成、获取、处理与格式规范化等方面展开论述，进一步阐述绿色属性数据库构建方法，并简单介绍其应用。

3.1　产品设计数据

3.1.1　常规设计数据

　　常规设计数据一般涉及功能、质量、成本、时间等多个方面的数据。有关功能和质量的数据一般包含产品的性能、使用寿命、可靠性、稳定性、材料、结构及装配性/拆卸性、形状、尺寸、精度等数据。成本数据主要包括设计研发、加工制造、材料购置、仓储管理、人力管理等成本数据。时间数据主要包括开发流程、排产计划、生产周期、交付日期等数据。这些数据一般由企业的PLM/PDM/ERP等信息化系统进行管理。

3.1.2　绿色设计数据

　　绿色设计数据可划分为绿色关联设计数据与绿色属性数据。绿色关联设计数据是将常规设计数据通过提取、调用、映射等方法获得的绿色设计数据，如轻量化设计中的材料质量数据、节能设计中的设备功率数据等；绿色属性数据一般为生命周期各阶段涉及的资源、能源、环境排放、场景等设计数据，如原材料阶段的材料获取数据、制造阶段的能源消耗数据等。绿色设计数据的组成及其与常规设计数据之间的关系如图3-1所示。

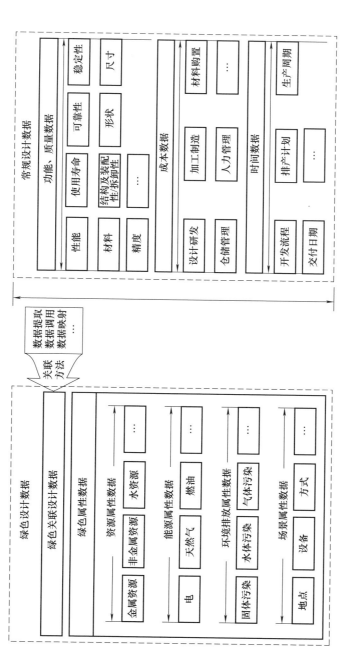

图 3-1 绿色设计数据的组成及其与常规设计数据之间的关系

3.2 绿色属性数据

在对产品进行绿色设计时，需要获取绿色设计数据，即获取绿色关联设计数据与绿色属性数据。本节主要介绍绿色属性数据的构成、获取、处理与格式规范化，绿色关联设计数据提取见本书第 5 章 5.2 节。

3.2.1 绿色属性数据的构成

绿色属性数据一般包括产品全生命周期各阶段涉及的资源、能源、环境排放等数据。这些数据往往和场景密切相关，不同的场景下，这些数据也会不同。例如，产品设计过程中进行原材料选择时，同一原材料由于产地、工艺不同，其环境排放属性也各不相同；回收处理时，同一回收处理方式，因选择不同的回收商，其回收处理的设备、工艺各不相同，其能耗、环境排放等数据也会存在较大差异。因此，特提出场景属性概念，对绿色属性数据进行更准确的描述。基于此，绿色属性数据可划分为资源属性数据、能源属性数据、环境排放属性数据、场景属性数据四大类，如图 3-2 所示。

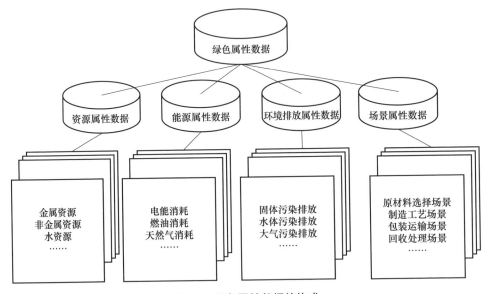

图 3-2 绿色属性数据的构成

1. 资源属性数据

资源属性数据是指在产品全生命周期各阶段资源消耗的数据。资源消耗主要包括金属资源消耗、非金属资源消耗、水资源消耗三个方面。金属资源消耗和非金属资源消耗主要是产品原材料获取阶段的原材料消耗、制造阶段的辅助材料消耗、使用阶段的维护材料的消耗等。水资源消耗主要涉及制造阶段的各工艺生产过程及产品使用阶段的消耗等。

2. 能源属性数据

能源属性数据是指在产品全生命周期各阶段能源消耗的数据。能源类型一般包括化石能源、水能、电能、太阳能、生物质能、风能、核能和地热能等。目前化石能源为我国的主要能源，包括煤、原油、天然气等。能源消耗主要涵盖制造阶段电能、天然气的消耗，运输阶段燃油、天然气的消耗，使用阶段供能系统油、气、电的消耗等。

3. 环境排放属性数据

环境排放属性数据是指产品全生命周期与生态环境影响有关的数据，主要包括固体污染排放、水体污染排放、大气污染排放、其他排放等。

（1）固体污染排放　在工业生产活动中产生的固体污染物，会对人体健康和环境存在一定的危害。固体污染排放主要有钢渣、锅炉渣、粉煤灰、煤矸石、工业粉尘等。

（2）水体污染排放　水体污染是指当进入水体的污染物质超过了水体的环境容量或水体的自净能力，使水质变坏，从而破坏了水体的原有价值和作用的现象。水体污染排放主要体现在水体富营养化和水生生态毒性两个方面。

磷酸盐、氨氮、氮氧化物等物质的排放，导致水体中氮、磷等营养盐含量过多，会引起水质污染现象，被称为水体富营养化。重金属（如 Hg、Pb、Ni、Cu、Mn、Zn）、有机污染物（如挥发酚、五氯酚钠、苯胺类等）、油类（如石油类物质、动植物油等）、无机污染物（如氰化物、氟化物等）等物质导致水体产生有毒物质的现象称为水生生态毒性。

（3）大气污染排放　大气污染是指由于某些物质进入大气中，当污染物含量达到有害程度以致破坏生态系统和人类正常生存与发展时，对人或物造成危害的现象。大气污染排放主要体现在温室气体排放、光化学氧化剂形成、酸性气体排放、可吸入无机物排放四个方面。

温室气体指引起全球变暖效应的气体，如 CO_2、CH_4、N_2O 等。光化学氧化剂指大气中除氧以外具有氧化性质的全部污染物，包括臭氧（O_3）、二氧化氮（NO_2）等。一般情况下，O_3 占光化学氧化剂总量的90%以上，常以 O_3 浓度计作总氧化剂的含量。酸性气体是指污染物的排放可能导致酸性降雨的物质，主

要包括 SO_2、NO_x、NH_3、H_2S 等。可吸入无机物主要包括 PM2.5、PM10、NO_x、NH_3、挥发性有机化合物（VOC）等。

（4）其他排放　其他排放主要包含设备运作时产生的噪声和产品生产过程中产生的热辐射及电磁辐射。噪声的指标有声强、频率、声压、噪声级、声压级、噪声源等，热辐射的指标一般为热辐射强度，电磁辐射的指标一般为电场强度和磁感应强度。

▶ 4. 场景属性数据

场景属性用来描述生命周期各阶段活动场景的特征，如时间、地点、人员、环境、活动及其实现方式等。场景属性贯穿于产品生命周期各阶段，比如，制造阶段是从原材料、零部件到产品的形成过程，地点是生产制造企业；使用阶段产品以整机的形式使用和运转，地点是用户环境。各场景还蕴含着操作人员、能源形式、辅助物料等数据。因此，在不同的场景下，产品状态及其外部环境有很大区别，会对数据采集、分析、处理等环节的精准性、可靠性产生较大影响。

（1）场景属性分类　产品生命周期各个阶段的时间、地点、环境背景数据等与产品的资源属性数据、能源属性数据及环境排放属性数据是密切相关的。为了提高数据精准性、可靠性，将场景属性划分为描述属性、过程属性、能源属性、对象属性、参数属性、设备属性、辅助材料属性等，如图3-3所示。

1）描述属性。描述属性用来阐述生命周期某阶段的时间、空间和角色等信息。时间是指产品生命周期活动实施的具体时间，通常要包含年月日等信息，时间标签对清单数据存储及后续进行环境影响评价时选择基准年的影响较大。空间是对产地、目的地、操作地点等的描述，如国外、国内等。角色指具体的操作人员，一般以操作的熟练度进行划分，如实习工人、正式工人等。

2）过程属性。过程属性用来阐述产品生命周期活动实施过程的特征。例如，制造阶段的工艺类型有铸造、锻造、焊接、热处理、机加工、涂装、装配等，运输阶段的运输方式有空运、陆运、水运等，回收处理阶段的回收方式有填埋、焚烧、回收再制造等。

3）能源属性。能源属性用来描述生命周期某阶段消耗能源的种类等。能源是指能够直接获取或者通过加工、转换而成为有用能源的各种资源。一般常见的有电、汽油、柴油、天然气等。

4）对象属性。对象属性是对加工对象的描述，包括对材料的类型（煤、石油、生铁、铝、钛等）、状态（零件、产品等）、质量、尺寸、体积、形状、物化特性等的描述。

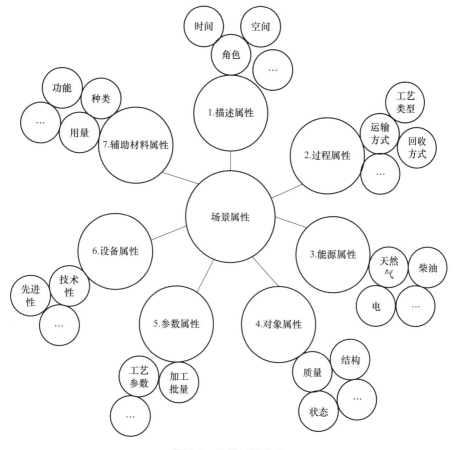

图 3-3 场景属性分类

5）参数属性。参数属性指生命周期某阶段操作过程中的具体参数信息。例如，制造阶段的工艺参数、加工时长、加工批量等，运输阶段的运输距离、运输时长等，回收阶段的回收率、废弃率等。

6）设备属性。设备属性指完成加工的相关设备的技术性（额定功率、额定容积、服役时间、服役效率等）、先进性（如自动控制、半自动控制、手动控制）等。

7）辅助材料属性。辅助材料属性指加工过程中消耗辅料的功能、种类等，例如，制造阶段的润滑剂、切削液等。

（2）生命周期各阶段的场景属性数据 针对上述场景属性分类，对生命周期各阶段场景属性数据进行详细介绍。

1）原材料获取阶段。原材料获取阶段的场景属性数据包括描述属性中的原材料产地，对象属性中的原材料的类型、物化特性等，具体见表 3-1 所列。

表 3-1　原材料获取阶段的场景属性描述

场 景 属 性	具 体 场 景	场 景 描 述
描述属性	产地	国外、国内（华北、华中、西北等）
对象属性	类型	煤、石油、生铁等或具体构成成分
	物化特性	熔点、沸点、与其他物质是否产生化学反应等

2）制造阶段。制造阶段的场景属性数据包括描述属性中的操作人员、制造地点，过程属性中的工艺类型，能源属性中的驱动能源类型，对象属性中的工艺对象，参数属性中的工艺参数，设备属性中的设备，辅助材料属性中的辅助材料等，具体见表 3-2 所列。

表 3-2　制造阶段的场景属性描述

场 景 属 性	具 体 场 景	场 景 描 述
描述属性	操作人员	实习工人、正式工人等
	制造地点	某地、某企业、某车间等
过程属性	工艺类型	铸造、锻造、机加工、热处理、焊接、喷涂、装配等
能源属性	驱动能源类型	电能、柴油、天然气等
对象属性	工艺对象	材料、状态（零件、部件、产品等）、质量、尺寸、体积、形状、物化特性
参数属性	工艺参数	铸造工艺参数、锻造工艺参数、机加工工艺参数、热处理工艺参数、焊接工艺参数，加工时长、加工批量等
设备属性	设备	先进设备、设备额定功率等
辅助材料属性	辅助材料	切削液种类、润滑液种类

3）运输阶段。运输阶段的场景属性数据主要是描述属性中的运输目的地、运输时间，过程属性中的运输方式，能源属性中的运输设备燃料类型，对象属性中的运输物种类、运输总量、运输物状态，参数属性中的运输距离、运输时长，设备属性中的运输设备类型及其额定载重等，具体见表 3-3 所列。

表 3-3　运输阶段的场景属性描述

场 景 属 性	具 体 场 景	场 景 描 述
描述属性	运输目的地	国外、国内（国内：华北、华中、西北等）
	运输时间	某年某月某日某时某分

场 景 属 性	具 体 场 景	场 景 描 述
过程属性	运输方式	空运、陆运、水运等
能源属性	运输设备燃料类型	柴油、汽油、天然气、电等
对象属性	运输物种类	煤、石油、生铁等
	运输总量	吨、千吨、万吨等
	运输物状态	原材料、零件、部件、产品等
参数属性	运输距离	千米等
	运输时长	小时、分钟
设备属性	运输设备类型	卡车、火车、飞机、船等
	运输设备额定载重	额定载重量等

4）使用阶段。使用阶段的场景属性数据主要是描述属性中的使用地点、使用人员，能源属性中的驱动能源类型，参数属性中的使用时长等，具体见表3-4所列。

表3-4　使用阶段的场景属性描述

场 景 属 性	具 体 场 景	场 景 描 述
描述属性	使用地点	国外、国内（国内：华北、华中、西北等）
	使用人员	实习工人、正式工人等
能源属性	驱动能源类型	柴油、汽油、天然气、电等
参数属性	使用时长	小时等

5）回收处理阶段。回收处理阶段的场景属性数据主要是描述属性中的填埋/焚烧地点，过程属性中的废弃方式、回收方式、回收后再利用方式，对象属性中的填埋物/焚烧物状态、填埋物/焚烧物种类数量、回收物状态，参数属性中的废弃率、回收率等，具体见表3-5所列。

表3-5　回收处理阶段的场景属性描述

场 景 属 性	具 体 场 景	场 景 描 述
描述属性	填埋/焚烧地点	具体地点
过程属性	废弃方式	填埋、焚烧、回收利用等
	回收方式	材料回收、零部件再利用、整机再制造等
	回收后再利用方式	直接再利用、再制造后使用等

(续)

场景属性	具体场景	场景描述
对象属性	填埋物/焚烧物状态	粉末、颗粒物、细小零件等
	填埋物/焚烧物种类数量	多种、单一等
	回收物状态	材料、零部件、设备等
参数属性	废弃率	质量百分数、数量百分数、价值百分数
	回收率	质量百分数、数量百分数、价值百分数

3.2.2 绿色属性数据的获取

通常绿色属性数据获取来源包括现有绿色设计数据库、文献调研及统计数据、现场及实验数据采集三个方面，如图 3-4 所示。

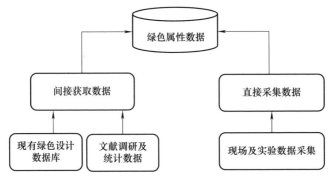

图 3-4 绿色属性数据的获取

1. 现有绿色设计数据库

通过调用现有绿色设计数据库中的数据来获取绿色属性数据。下面对国内外较成熟的绿色设计数据库进行介绍。

（1）国内绿色设计数据库 中国生命周期基础数据库（CLCD）是由四川大学建筑与环境学院和亿科环境科技有限公司共同开发的中国本地化的全生命周期基础数据库，数据来自行业统计与文献，涵盖资源消耗数据、能源消耗数据、主要污染物排放数据。CLCD 可以兼容国际主流数据库 Ecoinvent 和欧盟全生命周期基础数据库（ELCD）。CLCD 提供了国内产品生命周期研究的本地化数据，还提供了进口原料与出口产品的生命周期评价国际化的数据。

山东大学可持续制造研究中心开发了“面向工程机械和机床的绿色制造基

础数据系统",支持工程机械和机床典型零件加工过程能耗数据管理、典型工艺过程环境影响数据管理,为工程机械和机床产品工艺评价及制造过程提供基础数据支撑。

机械科学研究总院、重庆大学、山东大学、合肥工业大学、南京理工大学正在共同开发"基础制造工艺资源环境负荷数据库"。该数据库基于SQL/NoSQL融合的资源环境负荷数据库系统设计技术,开发基于分布式部署的基础制造工艺资源环境负荷数据库系统,支持面向用户的数据共享服务和应用。

(2)国外绿色设计数据库 Ecoinvent数据库是瑞士Ecoinvent中心开发的商业数据库,数据主要源于统计资料以及技术文献。Ecoinvent 3.7.1拥有超过900个新数据集、1000个更新数据集、100个新产品,涵盖了能源、材料、金属工艺、农产品、交通运输、废物管理等数据,还包含常见物质的LCA清单数据,是国际LCA领域使用最广泛的数据库之一。

欧盟全生命周期基础数据库ELCD数据由欧盟研究总署联合欧洲各行业协会提供,是欧盟政府资助的公共数据库系统。ELCD v3数据库拥有500多个数据集,含有化学和金属行业的数据,还包括能源生产、运输和报废过程的数据。

GaBi数据库是由德国PE International公司开发的LCA数据库。GaBi数据库提供超过15000个计划和流程。GaBi数据库拥有全球最大的LCI数据行业覆盖范围,包含了有机物、无机物、能源、钢铁、铝、有色金属、贵金属、塑料、涂料、回收处理、制造业、电子、可再生材料、建筑材料等数据。

此外,常见数据库还包括瑞典SPINE@ CPM数据库、美国LCI数据库、日本Option Data数据库等。上述数据库种类及其特点见表3-6所列。

表3-6 国外数据库种类及其特点

种类	Ecoinvent 数据库 (瑞士)	ELCD 数据库 (欧盟)	GaBi 数据库 (德国)	SPINE@ CPM 数据库 (瑞典)	LCI 数据库 (美国)	Option Data 数据库 (日本)
基础能源	发电厂、燃料与热力供应、混合电力	各种燃料(包括原油基、天然气基、无烟煤基、褐煤基等)、机械能、电力、热和蒸汽	区域值、电网结构、能源载体混合、蒸汽、热能源	电力生产、燃料燃烧	石油和天然气开采、石油和煤品生产、采矿	—

（续）

种类	Ecoinvent 数据库（瑞士）	ELCD 数据库（欧盟）	GaBi 数据库（德国）	SPINE@ CPM 数据库（瑞典）	LCI 数据库（美国）	Option Data 数据库（日本）
原材料采集	金属、基础化学品	金属与半金属、塑料、有机化合物、无机化合物、其他矿物材料、水、木材	金属、塑料、有机物、可再生材料、建材	炼铜、聚合物生产、林业、建材	基本金属制造业、化学品生产、非金属产品制造业、木制品	基本化工产品、橡胶树脂纤维
生产与制造	—	—	单一工艺、特定材料工艺、动态工艺、农业产品和工艺	纸浆降解、森林砍伐	运输装备制造业、种植业、食品业、畜牧业、森林与采伐业	
包装	—	包装	—	—	—	
运输	交通运输	公路、铁路、航空、水上运输	运输	货物运输	货车、铁路、航空、水上运输	—
废物回收处理	废弃物管理	废水处理、填埋、能量再生利用	—	水净化、金属回收利用	废弃物管理与回收服务	废弃物循环利用

▶▶ 2. 文献调研及统计数据

文献调研及统计数据主要包括科技文献内的数据、国内外相关的绿色标准指令、国家或地方统计数据等。全世界每年产出大量科技文献，可以形成科技文献大数据，如 Scopus 数据库每年新增 300 万篇文献，可以通过文献检索、提炼来获取绿色属性数据。国内外相关的标准与指令见表 3-7 所列，可以查阅标准或指令、国家/地方统计年鉴或报告，来获取绿色属性数据。

表 3-7　相关标准与指令

	国 内 标 准	国 外 标 准
绿色材料选择	GB/T 32812—2016《金属加工液　有害物质的限量要求和测定方法》 GB/T 30512—2014《汽车禁用物质要求》 GB/T 37422—2019《绿色包装评价方法与准则》等	欧盟 RoHS 指令等

	国 内 标 准	国 外 标 准
绿色设计	GB/T 31206—2014《机械产品绿色设计 导则》等	欧盟 ErP 指令将机床列为 10 项优先实施的产品之一 ISO 14955 机床环境评价系列标准等
绿色工艺	GB/T 28613—2012《机械产品绿色制造工艺规划导则》 GB/T 28612—2012《机械产品绿色制造 术语》 GB/T 28616—2012《绿色制造属性 机械产品》 GB/T 31209—2014《绿色制造 低温冷风切削 技术要求》 GB/T 28614—2012《绿色制造 干式切削 通用技术指南》 GB/T 31210.1—2014《绿色制造 亚干式切削 第1部分：通用技术要求》 GB/T 31210.2—2014《绿色制造 亚干式切削 第2部分：微量润滑系统技术要求》 GB/T 28617—2012《绿色制造通用技术导则 铸造》等	AGMA 99FTM9—1999（Dry hobbing process technology road map）等
再制造	GB/T 28615—2012《绿色制造 金属切削机床再制造技术导则》 GB/T 32811—2016《机械产品再制造性评价技术规范》 GB/T 31207—2014《机械产品再制造质量管理要求》 GB/T 28618—2012《机械产品再制造 通用技术要求》等	Maintenance Service Corp. 公司联合其他 3 家机床再制造公司，制定了机床再制造标准（National Machine Tool Remanufacturing, Rebuilding, Retrofitting Standards，NMTRRR 标准）等
能效评估	GB/T 39751—2021《装备制造系统能耗检测方法 导则》等	ISO 14955 机床环境评价系列标准等
产品生命周期评价	GB/T 26119—2010《绿色制造 机械产品生命周期评价 总则》 GB/T 32813—2016《绿色制造 机械产品生命周期评价 细则》等	ISO 14040~ISO 14044 产品生命周期评价系列等
环境排放	GB/T 16157—1996《固定污染源排气中颗粒物和气态污染物采样方法》 GB 16297—1996《大气污染物综合排放标准》等	

3. 现场及实验数据采集

（1）绿色属性数据采集指标 基于产品全生命周期各阶段的绿色属性数据特点，分析绿色属性数据采集指标，见表 3-8 所列。

（2）绿色属性数据采集方法 依据表 3-8 中的绿色属性数据采集指标，采用合适的采集方法进行实际的数据采集。资源属性数据和场景属性数据一般是通过现场测量获得的。能源属性数据一般采用功率计或功率仪进行实时的采集或现场记录。环境排放属性数据一般采用集成多传感器的环境采集设备进行现场采集。

表 3-8 绿色属性数据采集指标

生命周期阶段	采 集 指 标			
	资 源 属 性	能 源 属 性	环境排放属性	场 景 属 性
原材料获取阶段	原材料消耗量	—	固体污染排放：锅炉渣、粉煤灰等；水体污染排放：磷酸盐、氨氮、氮氧化物等；大气污染排放：CO_2、SO_2、NH_3、PM2.5、PM10 等；其他排放：噪声、热辐射、电磁辐射	原材料的产地、原材料的类型、原材料的物化特性等
制造阶段	辅助材料消耗量、水资源消耗量	设备使用时电能或天然气的消耗量		工艺类型、设备类型、设备功率、设备能源类型、工艺对象、工艺参数、辅助材料、操作人员、制造地点等
运输阶段	—	运输工具燃油或天然气的消耗量		运输物的类型及种类数量、运输总量、运输目的地、运输方式、运输设备类型及额定载重、运输距离及时间、燃料类型
使用阶段	维护材料消耗量	产品运行时供能系统对于电、天然气、燃油的消耗量		使用地点、使用频率、使用人员、使用状态、驱动能源类型等
回收处理阶段	—	处理设备的电能或天然气消耗量		废弃率、废弃方式、填埋物类型及种类数量、填埋量、填埋地点、焚烧物类型及种类数量、焚烧量、焚烧地点、回收率、回收方式、回收物类型及种类数量、回收后再使用方式等

　　下面以某矿山机械刮板机挡板槽帮零件的淬火工艺为例，对绿色属性数据采集方法进行介绍，采集的具体数据记录，见表 3-9 所列。

　　1）资源属性数据采集。资源属性数据中的材料数据主要是通过产品 BOM 表、现场实际测量记录来获取的，水资源数据需要进行一定时间的连续记录和进一步估算得到。

表 3-9　绿色属性数据采集表（以某矿山机械刮板机挡板槽帮零件的淬火工艺为例）

场景属性数据输入							
场景属性	具体场景	场 景 描 述					
描述属性	角色	操作人员 Y					
	制造地点	A 企业 B 车间					
	时间	2020.10.27					
过程属性	工艺类型	淬火					
能源属性	驱动能源类型	电能					
对象属性	对象	名称	挡板槽帮	材料	ZG30SiMn		
		质量	450kg	图片			
参数属性	工艺参数	加热温度	加热至880℃	保温温度	880℃	冷却方式	水冷
		加热时间	5h	保温时间	4h	冷却时间	4~5h
		件数	23 件	批次	1 批		
设备属性	设备	名称	台车炉	额定功率	480kW	型号	RTF-480-12
		额定温度	880℃	工作室尺寸（长×宽×高）	4m×2m×1.5m		
辅助材料属性	辅助材料	名称	水	消耗质量	极少		

资源、能源、环境排放属性数据输出		
	名称	数量或状况描述
资源属性数据	水	极少
能源属性数据	能耗：电能	134.93kW·h
环境排放属性数据	TSP（总悬浮颗粒物）	0.28mg
	CO_2	9642.33mg
	NO	1.90mg
	NO_2	0.09mg
	废渣、废屑	无
	废液	无
	噪声	62.45dB
	热辐射（高温）	25.70℃

2）能源属性数据采集。天然气、燃油、电能等能源属性数据可以单独计量时，通过记录计量表数值来获取。当能耗数据为车间汇总计量时，不能直接获得单台设备的能耗数据。此时，可采用功率计或功率仪等相关测量设备进行电能消耗的数据采集。一般可以采集电流、电压、功率等数据，同时测量瞬时值、电能、电量、谐波和电压波动，再进行数据分析、处理，从而获得具体设备的电能消耗数据。

3）环境排放属性数据采集。环境排放属性数据需要采集一定时间内的平稳数据，一般依据排放过程进行多处定点采集来获得固体、水体、大气污染排放数据及噪声数据。通常情况下，固体、水体污染排放数据及噪声数据可以直接或通过简单计算获得；大气污染排放数据需结合统计学模型及气体扩散方程识别并计算获得。下面以制造阶段热处理工艺的大气污染排放数据采集和噪声数据采集为例进行介绍。

大气污染排放数据采集时，根据气体的扩散性，应保持设备周围窗户或其他通风换气设备关闭。假设设备为密闭设备，监测点应设置在以距设备舱门一定距离为半径的监测弧线上，三条监测弧线上分别设置三个监测点，弧线上监测点之间的角度为45°，如图3-5所示。设备舱门关闭时，在设备稳定运行30min后进行一定时间的连续采样，获得舱门密闭性不良而导致泄漏的环境影响数据；设备舱门开启时，浓度数据会产生突变，进行20min的连续采样，再结合统计学模型及气体扩散方程计算出此时的环境影响数据。

对于噪声数据采集，噪声测量前后应现场进行仪器校准，两次校准示值偏差不得超过0.5dB。当连续测量变化较大时，可增加校准次数。测量设备或工艺操作噪声时，应至少设置两个测量点，测量点在距声源0.5m以上、距地面1.2m的位置，如图3-6所示。当被测设备或工艺噪声是稳态噪声时，可测量1min的噪声数据并取平均值；当被测设备或工艺噪声是非稳态噪声时，需有代表性时段的噪声，必要时测量全程的噪声。

图3-5 环境排放监测点设置　　　　图3-6 噪声测量点设置

4）场景属性数据采集。场景属性数据主要结合资源属性数据、能源属性数据、环境排放属性数据的采集，通过对现场场景进行一一对应的实际记录获取。

3.2.3 绿色属性数据的处理与格式规范化

采集获取的绿色属性数据具有数据量大、多源异构等特点，难以直接存储、传输和集成，需要对其进行数据处理与格式规范化。

1. 数据清洗

数据清洗是一种发现并纠正数据中可识别错误的方法，包括数据一致性检查、重复数据处理、异常数据处理等。

（1）一致性检查 根据数据的合理取值范围检查数据是否合理，发现超出正常范围、逻辑上不合理或者相互矛盾的数据应当舍弃。

（2）重复数据处理 重复数据包括重复值数据与冗余的属性数据。重复值数据可直接删除。冗余的属性数据是指已经在其他属性的值中体现的属性数据，如在处理国内用户地址时会有国家省份等详细地址，此信息中的国家这部分属于冗余数据，将国家删除并不会影响对数据的分析。重复属性的删除不仅可以精简数据库中的相关记录，降低存储空间的占用，还利于数据分析效率的提升。

（3）异常数据处理 数据异常是指在数据集中出现部分数据和其他数据有很大区别或者不一致的情况。有区别并不代表数据就一定异常，特殊的数据也可能反映出实际的情况。要先判断数据是否是异常数据，若数据异常则需要将数据删除，避免影响数据分析的准确性。但某些不一致的数据并不一定是异常数据，此种数据要注意其背后隐藏的信息，找出异常原因。

2. 数据分配

产品生命周期过程数据往往是多个功能单元或过程共同作用的结果。因此要研究某个具体单元和过程，必须进行数据分配。例如，制造阶段三废的排放量往往是按整个车间的形式记录的，必须把这些数据折算、分配到各个功能单元和过程。数据分配通常利用物质守恒定律、能量守恒定律以及专家知识对各功能单元或过程进行评估，完成数据的分配工作。

3. 数据扩充

利用采集样本的经验分布函数可对采集数据进行分布拟合，然后采用极大似然估计方法估计拟合分布的参数，得到估计值。常用的拟合分布有正态分布和对数正态分布，可以实现数据量的扩大。

▷▷ 4. 数据合并

数据合并是将产品各功能单元和过程中相同影响因素的数据求和，以获得该影响因素的总量，为产品级的影响评价提供必要的数据。以齿轮制造阶段的电能消耗为例，该过程主要包括下料、锻压、调质、滚齿、渗碳和精磨等工艺，其制造阶段总的电能消耗是各工艺过程电能的叠加之和。

▷▷ 5. 绿色属性数据格式规范化

绿色属性数据获取、处理后，需进行格式规范化，将获得的文字、数值等转换为数据库数据格式，以供绿色属性数据库存储与使用。SPOLD 格式是一种用于生命周期清单数据的电子交换的通用格式，允许比较和交换数据。SPOLD 格式对每一个编目数据都进行了详细的元数据划分，以确保编目数据的独立性、易处理性和易获得性。SPOLD 格式的数据通过可自由嵌入、开放源代码的方式实现了数据交换。

SPOLD 格式的基本结构主要有：文件格式要求为 ASCII；文件名称要求为机构代码+索引号+版本号；数字格式时，名称为英文，点为十进制数字分隔符、逗号千位分隔符。SPOLD 对不同的数据类型给出了字段类型，如 Data Set Information、Reference Function、Time Period、Sources 等，具体见表 3-10 所列。以其中 Sources 域的详细字段为例说明，见表 3-11 所列。

表 3-10 SPOLD 字段名

字 段 类 型	ID 范围	说 明
Data Set Information	201~299	
Data Entry By	300~399	
Reference Function	400~599	
Time Period	600~659	
Geography	660~689	
Technology	690~719	
Representativeness	720~749	
Data Generator And Publication	750~799	
Sources	800~1199	一次及二次来源
Subsystems Central Process	1200~1799	子系统中心流程，子系统传递、接收
Cut Off Rules	1800~1999	
Screenings	2000~2399	
Allocations	2400~2599	

字 段 类 型	ID 范围	说　　明
Energy Models	2600～2799	
Transport Models	2800～2900	
Waste Models	3000～3199	
Other	3200～3399	
Exchanges	3400～5399	自然资源输入 技术领域输入：材料、能源、电力等 技术领域输出：产品、可利用的废物 空气排放 水体排放 其他中间排放
Validations	5400～5799	
Persons	5800～5899	

表 3-11　**Sources** 域的详细字段说明

编号	域　　名	类　　型	大小	选　　项	是否允许多次出现
801	Number	Number(Integer)	2		Yes
802	Source Type	Number(Byte)	1	0 = Undefined (default) 1 = Article 2 = Chapters in anthology 3 = Separate publication 4 = Measurement on site 5 = Oral communication 6 = Personal written communication 7 = Questionnaries	Yes
803	Text	Text	255	—	Yes
1002	First Author	Text	40	—	Yes
1003	Additional Authors	Text	255	—	Yes
1004	Year	Number(Integer)	4	—	Yes
1005	Title	Text	255	—	Yes
1006	Page Numbers	Text	9	—	Yes
1007	Name Of Editors	Text	40	—	Yes
1008	Title Of Anthology	Text	255	—	Yes
1009	Place Of Publication	Text	40	—	Yes
1010	Publisher	Text	40	—	Yes
1011	Journal	Text	40	—	Yes

（续）

编号	域　名	类　型	大小	选　项	是否允许多次出现
1012	Volume No	Number(Integer)	3	—	Yes
1013	Issue No	Number(Integer)	3	—	Yes

现以原材料获取阶段为例说明 SPOLD 格式数据的应用，见表 3-12 所列。

表 3-12　原材料获取阶段 SPOLD 格式数据的应用

列　名	数据类型	允许 null 值	备注（选项）
产品 ID	int	否	一种产品赋值一个 ID
零件 ID	int	否	一种零件赋值一个 ID
材料名称	varchar(255)	否	
材料分类	varchar（255）	否	金属、半金属与合金 无机原材料 有机原材料 高分子聚合物 可再生材料 其他原材料
单个零件材料重量	decimal(18,3)	否	单位为 kg
输入类型	varchar(255)	否	资源投入
输入方向	varchar(255)	否	水体 土壤 大气
输入名称	varchar(255)	否	铁、铜、镍等
输入数量	float	否	如 1.27E-002
输入单位	varchar(50)	否	kg
生产者代表性	varchar(255)	是	本国生产平均
国家/区域	varchar(50)	否	中国
数据发布日期	small date time	否	2020-05-08 12:35:00
数据发布者名称	varchar（50）	是	
数据集版本	varchar(50)	是	

3.3　绿色属性数据库的构建

绿色属性数据的获取、处理、格式规范化等为数据库的构建提供了基础。绿色属性数据库的构建能够有效地集成数据，便于数据的统一管理及应用等。

本节从需求分析、总体设计、详细设计等方面阐述绿色属性数据库的构建方法。

3.3.1 绿色属性数据库需求分析

需求分析可以明确绿色属性数据库所要实现的功能，了解用户对于外部数据的操作需求及确定各部分数据接口等，使数据库更加高效、合理地运行。针对绿色属性数据库的需求分析，主要涉及功能需求分析和其他需求分析两部分，功能需求分析主要是确定绿色属性数据库的具体应用与基本功能，其他需求分析主要是针对数据易用性、数据库安全性、数据库可扩展性等其他方面进行分析。

1. 功能需求分析

绿色属性数据库包括产品生命周期设计/开发、原材料、制造、包装、使用、回收处理等各环节中的资源和能源投入、环境排放等数据，还包括当量系数等基础数据。根据对基础数据、应用、用户等需求的分析，将数据库的功能分为以下三类。

1）基础数据包括资源、能源、环境影响、设备、工艺、运输、当量系数等数据。例如，资源数据包括金属、非金属等基本材料的输入和输出数据；能源数据主要包括化石燃料、电能等的输入和输出数据；环境影响数据包括固体垃圾、废液、废气等排放物质对环境影响等的数据；当量系数数据表达各种输入及输出物质与各物质标量之间的系数关系。

2）在产品进行绿色设计时提供全生命周期的支持数据，根据输入数据和调用基础数据层的数据进行影响评价，并提供数据建模、图形显示、数据处理等功能。例如，为产品选择绿色材料和清洁能源时，在数据库中进行关键词搜索实现数据筛选，选择出较优结果；进行绿色评价或生命周期评价时，评价对象的产品数据、组件数据、零件数据、加工工艺过程数据、运输过程数据、使用过程数据、回收处理过程数据等生命周期过程清单数据，均可以在数据库中进行数据的查询、调用与补充。

3）对不同的角色、人员、用户和组分配不同的权限。通过这些权限的管理，不同的用户能够访问的数据库范围不同，便于数据的安全访问和有效处理。

绿色属性数据库的基本功能见表3-13所列。

2. 其他需求分析

（1）数据易用性　数据库的应用面向产品设计、制造、运输、使用、回收处理等相应的设计人员与设计组织，具有受众复杂、应用需求多样的特点，因此数据库必须简洁、易用。

表 3-13　绿色属性数据库的基本功能

功　能	功　能　简　述
基础数据管理	主要涉及资源、能源、环境影响、设备、工艺、运输、当量系数等数据，可对基础数据进行增加、删除、修改等操作
应用管理	依据产品生命周期划定系统边界，具有流（flow）、过程（process）建模及可视化图形显示等功能
用户管理	注册、登录及使用基于角色的访问控制模型，实现用户的分级权限管理功能
数据批处理	提供绿色属性数据与各种基础数据的模板下载，能将 .xls 数据文件批量导入数据库中
数据查询	能将所有跟所输入"关键字"相关的数据全面清晰地显示在界面中，单击查询记录条目即可完成页面跳转
帮助文档	各级子页面包含软件操作流程介绍

（2）数据库安全性　为防止出现数据泄露、更改或破坏等影响数据安全的情况，要求数据必须有一定的安全性，一般采用用户标识和鉴别、存取控制、视图控制和审计控制等方法确保数据库的安全性。

（3）数据库可扩展性　为满足数据库的数据量不断丰富、应用性不断便捷等需求，需要数据库预留接口，具有良好的可扩展性。

3.3.2　绿色属性数据库的总体设计

基于 3.3.1 节的需求分析，绿色属性数据库的总体设计主要分为用户数据层、应用数据层和基础数据层，如图 3-7 所示。

用户数据层实现使用者与数据库的信息数据交互、用户信息的存储，并根据其角色赋予其相应的权限。

应用数据层实现用户数据层和基础数据层的数据交互，支持使用用户输入数据和调用数据进行影响评价。针对用户的输入数据，用户可以选择仅为自己使用，也可以选择存储至基础数据层。当选择存储至基础数据层时，要经过审核、加工来形成基础数据，实现数据的集成与共用。

基础数据层主要针对通用数据进行存储，包括资源数据、能源数据、环境影响数据、设备数据、工艺数据、运输数据、当量系数数据等，还支持数据的检索、调用等。

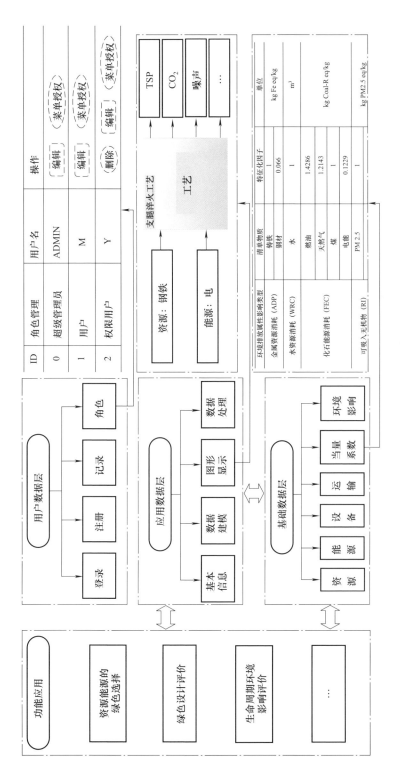

图 3-7 绿色属性数据库的总体设计

▷▷3.3.3 绿色属性数据库的详细设计

▷▷1. 概念结构设计

采用实体—联系模型即 E-R（Entity-Relationship）图来描述概念模型，如图 3-8 所示。其中，矩形表示实体，线条表示实体之间的联系。

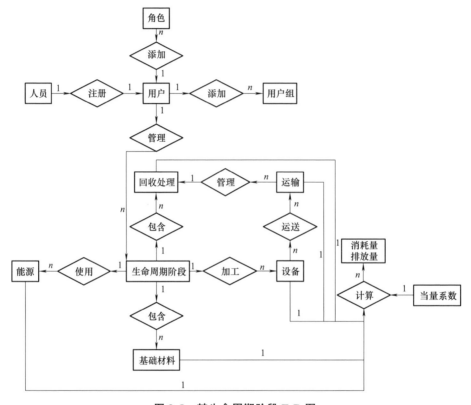

图 3-8 某生命周期阶段 E-R 图

建立实体—联系模型的关键在于正确划分绿色属性数据库中实体属性和实体间的关系。基础数据库实体存储了大量的基础数据，多数情况下，这些实体接收用户请求数据，如当用户需要对产品进行绿色设计时，当量系数数据库会提供该产品使用的当量系数数据。应用数据库实体进行绿色属性数据收集，其中一部分数据由资源属性数据库实体、能源属性数据库实体、环境排放属性数据库实体、场景属性数据库实体提供，一部分由用户输入。所有的实体类都围绕产品生命周期过程发生关联。用户数据库实体是该部分的核心，人员经过注册成为数据库合法用户，然后通过角色分配给用户对应的权限。另外允许一个用户对应多个角色，即该用户拥有多项权限。对已经注册的用户进行分组，可形成不同的用户组，方便管理员对用户进行集中管理和设置。

⟫ 2. 逻辑结构设计

E-R 图的建立梳理了数据流程，在概念上实现了数据库的设计，但如果要达到使用目的，则必须对每个对象进行详细的设计，确定该对象的自身属性和主键，为数据库逻辑设计做好准备。以基础数据库的对象为例，其属性见表 3-14 所列。

表 3-14　基础数据库对象及对象属性

对 象 名 称	对 象 属 性
当量系数数据库	当量系数 ID、影响物质、化学式、物质分类、全球变暖潜力、臭氧耗竭潜力、酸化潜力、富营养化潜力、光化学臭氧合成潜力等

逻辑结构设计的任务就是把概念结构设计阶段设计好的基本 E-R 图转换为与所建立的数据库模型相符合的逻辑结构。根据理论要求、实际需要以及对象属性分析过程中确定的对象属性，确定数据库主要对象物理表。通过主外键的设置来建立各个表之间的联系。结合数据库整体结构设计以及各实体类之间的关联，形成统一、完整的数据库模块。以当量系数数据库为例，其设计见表 3-15 所列（其中表中的 ID 为主键，其余为次键）。

表 3-15　当量系数数据库对象逻辑结构设计

名　　称	数据类型	大　小	精　度	是否为空
ID	varchar	50	0	否
Name	varchar	50	0	是
Type	varchar	50	0	是
Substances	varchar	50	0	是
Formula	varchar	50	0	是
Classification	varchar	50	0	是
GWP	float	10	2	是
ODP	float	10	2	是
AcidP	float	10	2	是
NEP	float	10	2	是
Chem Oxidant	float	10	2	是
EFetwe	float	10	2	是

（续）

名　　称	数据类型	大　小	精　度	是否为空
EFetwa	float	10	2	是
EFetsc	float	10	2	是
EFetp	float	10	2	是
POCP	float	10	2	是
MMDP	float	10	2	是
BRDP	float	10	2	是
WPDP	float	10	2	是
Land Occ	float	10	2	是
Toxicant Hazard	float	10	2	是
Smokepower Hazard	float	10	2	是
Noise Hazard	float	10	2	是
Radiation Hazard	float	10	2	是
Dis Durlnf	float	10	2	是
Data Source	varchar	50	0	是
Description	varchar	5000	0	是
User ID	varchar	50	0	是

以机电产品生命周期评价数据库逻辑结构设计为例，评估对象结构树由产品数据表、组件数据表、零件数据表构成。加工工艺过程数据表、运输过程数据表、使用过程数据表、回收处理过程数据表描述了机电产品生命周期单元过程清单，具体如图 3-9 所示。

3. 物理结构设计

选用 MySQL 为数据库建设环境，前台开发基于云平台的软件系统，保证系统的安全性能，方便用户通过 Internet/Intranet 进行多种功能的查询。整个系统为浏览器/服务器（Browser/ Server，B/S）结构。下一步开展绿色属性数据库界面的设计，开发界面主要实现评价数据的管理，评价指标的删除、添加，基础数据指标的删除、添加和指标值的修订，国家环境标准基准值的删除、添加等功能。

以机电产品生命周期评价数据库界面设计为例，界面中展示清单维护功能，可以进行投入产出清单及清单物质特征化因子的删除、修改、添加，如图 3-10 所示。

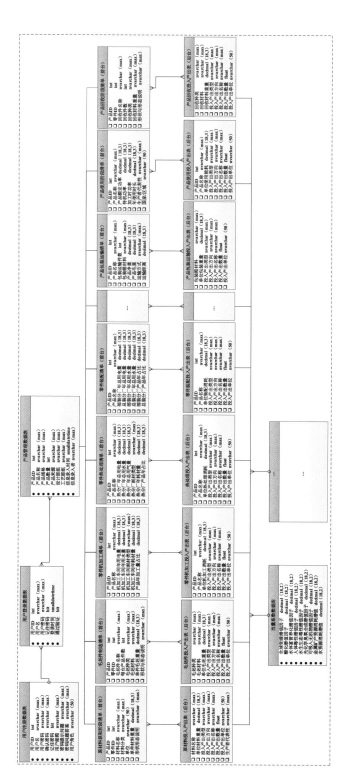

图 3-9 机电产品生命周期评价数据库逻辑结构设计

图 3-10　机电产品生命周期评价数据库界面设计

3.4　绿色属性数据库的应用

　　绿色属性数据库主要是实现资源属性数据、能源属性数据、环境排放属性数据、场景属性数据的集成管理，可为产品生命周期评价提供数据支持。本节以某矿山机械支腿淬火热处理工艺环境影响评价为例介绍具体应用。

▶▶ **1. 热处理工艺的工艺场景**

　　工艺场景是指工艺在其生命周期中所发生活动的特征描述，是工艺过程部分场景属性数据的集合。其中，工艺过程可以是整个工艺流程，也可以是由若干工艺环节构成的。部分场景数据一般包括工艺类型、能源、工件、关键工艺参数、设备、辅助材料等几个方面的数据。

　　一般的热处理工艺的工艺场景见表 3-16 所列。

表 3-16　一般热处理工艺的工艺场景

场景属性	具体场景	场景描述	
描述属性	操作人员	实习工人、正式工人等	
	制造地点	某地、某企业、某车间等	
过程属性	工艺类型	淬火、正火、退火、回火等	不同的热处理工艺要求的加热温度、保温时间、冷却方式和时间均不同

（续）

场景属性	具体场景		场景描述
能源属性	能源类型	驱动能源类型	电、气等驱动工艺过程的供能，不同能源种类的能效不同、排放不同
对象属性	工件	材料	材料不同，比热容不同，达到同样温度所需的时间、能耗、排放不同
		质量	不同质量热处理所需的时间不同、能耗不同、排放不同
		结构	工件结构对工件散热有较大影响
参数属性	关键工艺参数	预热温度及时间	不同工艺的工艺过程的温度、时间、速度不同
		加热温度及时间	
		保温温度及时间	
		冷却时间及速度	
		件数	不同件数热处理所需的时间不同、能耗不同、排放不同
设备属性	设备	设备类型	—
		额定功率	—
		与工艺相关的参数	—
辅助材料属性	辅助材料	切削液种类	不同切削液的冷却能力不同，切削液的消耗不同

⏩ 2. 热处理工艺评价系统边界

热处理工艺环境影响评价需要进行系统边界的划分。热处理工艺环境影响评价系统边界类型为 LCA 方法中的 "gate to gate"，包含热处理工艺加热、保温和冷却等工艺过程中的技术领域、环境领域的输入与输出，如图 3-11 所示。一台热处理设备能加工材质、尺寸、形状不同的多种工件，其中功能单位定义为处理单位质量工件所产生的清单。

⏩ 3. 清单模型

清单是对环境向系统的输入物质以及系统向环境的输出物质进行汇编后得到的量化值。清单模型能够形象地描述系统中的输入（原材料、能源、辅料等）、加工（加工方式、加工设备等）、输出（合格零件、副产品、环境污染排放物等），从而实现加工过程资源能源的使用及环境排放物的数据确定。

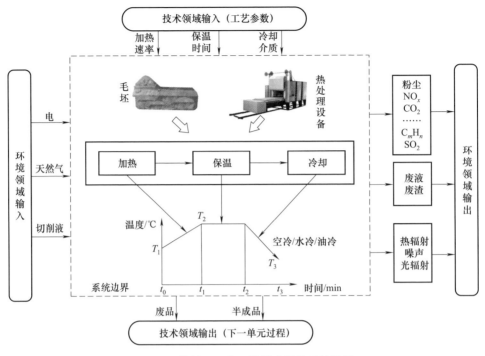

图 3-11　热处理工艺环境影响评价系统边界

热处理工艺通常包含加热、保温、冷却这三个工序。由于每一道工序都对应着输入物质和输出物质，因此每个工序都可以看作输入—处理—输出（Input-Process-Output，IPO）的过程，其左方是输入的资源能源等物质，右方是空气污染排放物、液体污染排放物和其他污染形式的排放（如噪声、辐射）等，上方是在此单元过程中循环使用的物质。依据上述理论，针对淬火工艺的典型工艺，分别建立了热处理工艺周期内的加热、保温和冷却 IPO 模型，如图 3-12 所示。

▶ 4. 热处理工艺环境影响评价指标

根据热处理工艺的实际情况，确定了适用于热处理工艺环境评估的八类生命周期环境排放属性影响类型。环境排放属性影响类型分为金属资源消耗（Abiotic Depletion Potential，ADP）、水资源消耗（Water Resource Consumption，WRC）、化石能源消耗（Fossil Energy Consumption，FEC）、可吸入无机物（Respiratory Inorganics，RI）、全球变暖（Global Warming Potential，GWP）、酸化影响（Acidification Potential，AP）、人体毒性（Human Ecotoxicity，HE）、水体富营养化（Eutrophication Potential，EP）等八类，从绿色属性数据库中调取当量系数以获得相对应的特征化因子，环境排放属性类型及特征化因子见表 3-17 所列。

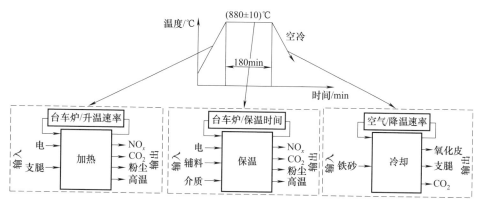

图 3-12 支腿淬火工艺 IPO 模型

表 3-17 环境排放属性类型及特征化因子

序号	环境排放属性影响类型	清单物质	特征化因子	单 位
1	金属资源消耗（ADP）	铸铁	1	kg Fe eq/kg
		钢材	0.066	
2	水资源消耗（WRC）	水	1	m^3
3	化石能源消耗（FEC）	燃油	1.4286	kg Coal-R eq/kg
		天然气	1.2143	
		煤	1	
		电能	0.1229	
4	可吸入无机物（RI）	PM2.5	1	kg PM2.5 eq/kg
		PM10	0.536	
5	全球变暖（GWP）	CO_2	1	kg CO_2 eq/kg
		N_2O	320	
6	酸化影响（AP）	SO_2	1	kg SO_2 eq/kg
		NO_x	0.7	
7	人体毒性（HE）	噪声	—	—
		热辐射（高温）	—	
8	水体富营养化（EP）	磷酸盐	1	kg NO_3^- eq/kg
		氨氮	0.330	
		NO_x	0.13	

▶ **5. 支腿淬火工艺环境影响评价**

依据支腿淬火的工艺场景，调用绿色属性数据库中的数据，完成支腿淬火工艺环境影响评价。

（1）工艺场景属性数据

工艺场景属性数据见表3-18所列。

表 3-18 工艺场景属性数据

工艺类型	工艺对象	工艺设备	加热温度	加热时间	保温温度	保温时间	冷却温度	冷却时间
淬火加热	35CrMo	台车炉	880℃	4h	880℃	3h	60~70℃	0.5h

（2）支腿淬火工艺过程能源属性数据及环境排放属性数据

支腿淬火工艺过程能源属性数据及环境排放属性数据见表3-19所列。

表 3-19 支腿淬火工艺过程能源属性数据及环境排放属性数据

工艺	电能/kW·h	TSP/kg	CO_2/kg	NO/kg	NO_2/kg	噪声/db	温度/℃
淬火加热	902.94	5.47E-06	0.22	3.15E-05	5.82E-07	69.55	24.39
淬火保温	302.64	2.62E-06	0.23	1.75E-05	1.07E-06	54.47	23.86
油冷	0	3.60E-06	0.23	1.03E-04	2.22E-06	58.59	24.76

（3）环境影响评价结果

支腿淬火工艺环境影响评价结果如图3-13所示。由图可以看出，在八个环境影响类别中，化石能源消耗（FEC）、全球变暖（GWP）、人体毒性（HE）、

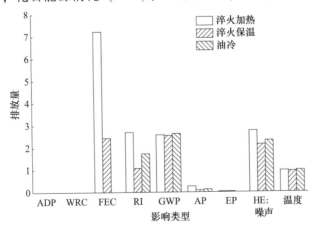

图 3-13 支腿淬火工艺的环境影响评价结果

可吸入无机物（RI）对环境的影响很大，可通过优化这四类环境影响类别来指导热处理企业降低能耗、减少排放。

3.5　本章小结

绿色设计数据存在多源异构、格式不统一等问题，制约了绿色设计数据的交换、共享等。绿色设计数据集成旨在解决上述瓶颈问题。

绿色设计数据包括绿色关联设计数据与绿色属性数据，其中，绿色关联设计数据通过常规设计信息数据提取获得，绿色属性数据可划分为资源属性、能源属性、环境排放属性、场景属性四类数据。对于绿色属性数据，本章首先介绍了绿色属性数据的获取来源，然后阐述了绿色属性数据的处理与格式规范化，最后依据数据库设计技术，介绍了绿色属性数据库的构建方法，并以某零件的热处理工艺的环境影响评价为例进行了应用说明。

参 考 文 献

[1] 向东，段广洪，汪劲松．产品全生命周期分析中的数据处理方法 [J]．计算机集成制造系统，2002 (2)：150-154．

[2] 步晓明．制造业绿色产品集成评价方法研究 [D]．沈阳：沈阳工业大学，2007．

[3] 丁绍兰，李瑞．基于 eBalance 软件的制革生命周期评价 [J]．中国皮革，2016，45 (9)：35-38；41．

[4] 陶雪飞，曹华军，李洪丞，等．基于碳排放强度系数的产品物料消耗评价方法及应用 [J]．系统工程，2011，29 (2)：123-126．

[5] 罗威，谭玉珊．基于内容的科技文献大数据挖掘与应用 [J]．情报理论与实践，2021，44 (6)：154-157．

[6] SUGIYAMA H, FUKUSHIMA Y, HIRAO M, et al. Using standard statistics to consider uncertainty in industry-based life cycle inventory databases [J]. International Journal of Life Cycle Assessment, 2005, 10 (6)：399-405．

[7] 王珊，萨师煊．数据库系统概论 [M]．北京：高等教育出版社，2014．

[8] SPINE@ CPM Database [DB/OL]. http：//cpmdatabase. cpm. chalmers. se/．

[9] 马艳，李方义，王黎明，等．基于多层级数据分配的机床生命周期环境影响评价 [J]．计算机集成制造系统，2021，27 (3)：757-769．

第4章

———

绿色设计方法集成

　　绿色设计方法是有效支撑绿色产品研发的核心技术。但是现有绿色设计方法因设计目标、设计信息、设计模型各异，导致设计参量在绿色评估方面往往存在耦合、冲突等问题，缺乏全局性的协同设计模型。因此需要建立统一的产品全生命周期的设计模型，实现全生命周期绿色设计、评价与优化决策。本章将首先介绍单元绿色设计方法及其主要发展趋势；其次，构建基于特征的绿色设计方案表达模型，提出基于特征的全生命周期绿色设计方法；最后，介绍多目标优化、多学科优化及多属性决策方法。绿色设计方法集成框架如图 4-1 所示。

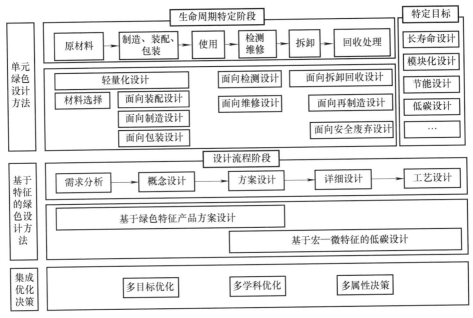

图 4-1　绿色设计方法集成框架

4.1　单元绿色设计方法

　　单元绿色设计方法是指面向产品全生命周期的某个特定阶段，或优化产品特定目标的设计方法。国内外学者提出了许多单元绿色设计方法，例如模块化设计方法、轻量化设计方法、低碳节能设计方法、面向拆卸回收的绿色设计方法以及面向再制造的绿色设计方法等。本节将对上述五种单元绿色设计方法进行介绍。

4.1.1 模块化设计方法

1. 模块化设计概念

模块化设计把模块化思想引入产品设计中，其实质是在对一定范围内的不同功能、不同性能和不同系列型号的产品进行功能分析的基础上，将产品的功能和结构进行模块划分，通过对不同模块的选择和组合构成满足用户需求的产品。模块化设计是一种能满足不断变化的市场需求的现代设计方法。模块化设计提高了产品可维护性、可拆卸性，具有开发周期短、生产成本低等优点。

模块化设计体系如图 4-2 所示，它将设计过程分为概念设计、模块划分、模块组合和模块评价四个相互关联、相互影响的阶段。在这四个阶段中，模块已经取代零件成为产品的基本单元，也成为模块化设计方法研究的基本对象。各个阶段的主要作用如下。

1）概念设计阶段的主要作用是将用户需求转化为产品的设计目标，通过市场调查、功能映射和功能分析等方法形成基于各子功能的虚拟零件序列。

2）模块划分阶段的主要作用是将虚拟零件序列按照一定的模块划分方法聚合到不同的模块中，模块划分的关键在于划分准则和划分方法的制订。模块划分完成后，开始进行各模块内部的零件设计。

3）模块组合阶段的主要作用是选择不同的模块，组合成不同功能或规格的产品并进行模块间的接口设计。模块组合的关键在于组合方式的确定和模块编码的建立与应用。

4）模块评价阶段的主要作用是对产品的模块化程度、绿色水平等指标进行综合评价，并将分析结果反馈至设计者用于设计改进。

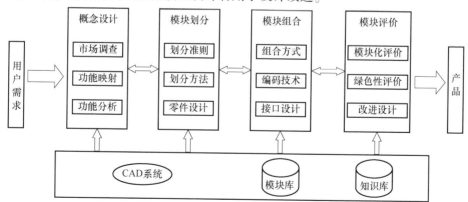

图 4-2　模块化设计体系

模块化设计的四个主要阶段都需要考虑产品的环境性能。在概念设计阶段，充分研究国家的环保法律法规、已有的先进制造技术与工艺、消费者的环保需求和产品全生命周期内对环境的不利影响等；在模块划分阶段，充分考虑不同零件在重用、升级、维护、回收和处理等方面的差异，选用合理的方法，按照一定的准则划分模块，尽可能地增加产品的环境友好性；在模块组合阶段，制定不同组合方式和接口方式，采用对环境影响最小的方式来组合产品；在模块评价阶段，通过对产品绿色性的评价和分析，找出影响环境的不利因素并反馈至设计人员进行改进。

▶▶ 2. 模块划分的相关属性

产品进行模块划分时，不仅要考虑功能相似性属性和结构连接属性，还要考虑组件寿命相似性属性、升级属性、维修属性、回收性属性等绿色相关属性。

（1）功能相似性属性　产品进行模块划分时首先要满足模块的功能性，在此基础上考虑模块的绿色性。不同的模块在产品中实现不同的功能，实现相同功能或者相似功能的组件应划分在同一个模块，从而满足功能独立性原则。如果具有高度功能相似性的组件在不同模块内，则会造成功能模块独立性的下降。

（2）结构连接属性　产品功能是由物理结构实现的，结构连接属性体现在四个方面，即接触方式、连接类型、连接工具类型和连接自由度。

接触方式包括点接触和面接触，两个组件接触区域面积越大，则两个组件接触强度越大。连接类型决定组件连接的紧密度，包括放置、插入、旋入、紧密配合和不可拆卸五种类型。连接工具类型包括手工、螺钉旋具、小型工具、特殊工具和大型工具，其操作难度逐级增大，工具的操作难度越大，表示两个组件越难结合。连接自由度表示该模块与其他模块连接组合的难易程度，通过数字量化连接难易程度，模块组件的连接自由度越大，则越容易与其他模块组件结合。

（3）寿命相似性属性　产品由大量的组件组成，每个组件的寿命不尽相同，而产品的寿命是由内部寿命最短的组件决定的。如果因为部分组件寿命较短而造成组件所在的整个模块失效，则会造成资源的浪费和成本的增加，因此具有相同或相近寿命的组件应划分在同一个模块，在进行零部件更换和维修时，可以进行整个模块的更换和维修。

（4）升级属性　产品内的组件随着科学技术的发展会出现更新和替换，部分组件需要升级的可能性比较大，而部分组件长时间保持稳定则不必更新。因此应将升级空间较大的组件归于一个模块内，在进行模块更新升级时直接更换整个模块，避免因多个模块的更新而带来更新难度和成本的增加。

（5）维修属性　如果模块内部组件的维修频率、维修复杂度不同，那么维修时将耗费不小的精力和时间。将维修频率、维修复杂度相似的组件组合在同一个模块内，有利于降低维修难度，同时还能提高效率、减少成本。

（6）回收性属性　回收阶段是模块化设计着重关注的生命周期阶段之一，其主要考虑的属性包括回收处理方式相似性、回收材料相容性与回收价值相近性。

1）回收处理方式相似性。产品报废后主要有四种处理方式，分别是回收重利用、材料回收、焚烧处理和废弃填埋处理。将回收处理方式相似的组件归为同一模块有利于进行整个模块的处理，避免了模块拆卸和分类整理，可以提高回收的效率，降低回收的成本，减少在回收阶段造成的环境影响。

2）回收材料相容性。材料的相容性在回收阶段是一个重要的因素，不同的材料具有不同的处理或者回收方法。如果组件材料相容性不同，那么就需要对组件进行大量的拆卸与分类。若将材料相容性好的零部件划分到同一个模块，当产品废弃后可以对整个模块直接回收处理，从而减少了材料的归类和组件的拆卸分离工作，同时提高了产品的回收效率。

3）回收价值相近性。组件回收价值表示组件在回收后能够产生的价值，不同组件的回收价值不同。如果回收价值近似的组件在同一模块内，那么回收时可以直接拆卸模块。如果一个模块内的组件没有回收价值，那么可以直接废弃，而不必为了得到具有价值的组件进行大量复杂的拆卸工作。

3. 模块化设计的发展趋势

（1）模块化设计和大规模定制融合发展　模块化设计能实现产品的多样化与零部件的标准化、系列化，是大规模定制必需的技术。在绿色低碳发展的潮流下，模块化绿色设计和大规模定制的融合发展是未来产品设计的一大热点方向。

（2）模块化设计趋于信息化和智能化　模块化设计有着向信息化和智能化发展的态势，基于大数据和技术挖掘用户的潜在需求，利用人工智能技术实现模块的自动划分与优化，使模块化设计效率更高、市场需求响应更快。

4.1.2　轻量化设计方法及发展趋势

轻量化设计方法是指通过减轻产品零部件重量，实现优质、高效、节能、减排等目标的设计方法。目前，轻量化设计方法主要包括基于材料的轻量化设计、基于工艺优化的轻量化设计和基于结构优化的轻量化设计。

▶▶ **1. 轻量化设计方法**

（1）基于材料的轻量化设计　基于材料的轻量化设计方法主要是采用可替代轻质材料的方式减轻产品重量的轻量化设计方法，其减重效果明显。可替代轻质材料主要包含高强度钢材（热成型钢材）、轻合金（铝合金、镁合金）、记忆金属（微晶钢）、工程塑料、纤维复合材料和陶瓷等。

碳纤维复合材料因具有强度和刚度更高、密度更小等特点，在汽车制造行业的应用较为广泛。在国外，宝马 7 系在 B 柱、车顶纵梁/前横梁、门槛梁、中央通道及 C 柱上均采用碳纤维复合材料，减轻了车身的重量。丰田、大众、奔驰、现代等多家汽车制造商也都在积极研发碳纤维复合材料汽车零部件，如传动轴。在国内，各大汽车厂家也在大力研发碳纤维之类的复合材料整车及其零部件。例如，江苏奥新新能源汽车有限公司成功研发了我国首辆碳纤维新能源汽车，该车采用全碳纤维座舱，整车零部件的数量减少 40% 左右，与同类汽车相比，车重减轻约 50%。

在柴油发动机缸体方面，国内外企业正推动蠕墨铸铁在柴油机缸体、缸盖上的应用，以实现整机减重和油耗降低。和灰铸铁缸体相比，蠕墨铸铁缸体在爆压和排量性能小幅提升的同时，机体质量大幅度减轻，部分参数对比见表 4-1 所列。

表 4-1　灰铸铁和蠕墨铸铁柴油发动机缸体对比表

项　目	爆　压	排　量	机体材料	机体质量
国外某产品	23MPa	12.8L	灰铸铁	344kg
国内某产品	25MPa	12.9L	蠕墨铸铁	230kg

（2）基于工艺优化的轻量化设计　基于工艺优化的轻量化设计主要采用新颖、高效的加工工艺，如工程机械中的激光焊接、搅拌摩擦焊、锁锚连接以及其他一些新的热处理工艺等，这些工艺提高了机械零部件的精密性、抗疲劳性和耐磨性，在实现零部件减重的同时，提高了零部件组织强度。不过，基于工艺优化设计的轻量化对生产设备及技术的要求较高。

以某型号挖掘机设备为例，企业通过采取全新的磨具与钢材成型技术，将挖掘机箱体厚度控制为原有厚度的 1/2，箱体减重达 45%。

（3）基于结构优化的轻量化设计　基于结构优化的轻量化设计是通过优化产品结构，进而减少各个零部件的材料使用量来实现产品轻量化的目的，具有低成本、高性价比的特点。基于结构优化的轻量化通常包含三种类型：尺寸优化、形状优化和拓扑优化。

1）尺寸优化的对象主要指结构的各种几何参数，比如梁截面的长度、宽度，板材的厚度等。

2）形状优化的对象主要指结构整体外形和局部形状，如结构内部圆孔、外部凸台等形状。

3）拓扑优化的对象主要指材料均匀分布的设计空间，根据给定的约束指标，对设计区域内的材料分布进行优化，从而得出用料最少方案。相较于前两种优化，拓扑优化从产品零部件本身的结构层次展开研究，更灵活多样，可以实现零部件本质上的轻量化。拓扑优化分为离散结构拓扑优化和连续体结构拓扑优化，二者均依赖于有限元方法进行。离散结构拓扑优化常用于桁架、刚架、加强肋板等骨架结构及其组合的分析优化，连续体结构拓扑优化多用于解决二维板壳、三维实体的优化问题。

拓扑优化已在柴油机等行业广泛应用，能够使零部件（如支架类结构）在满足性能要求的前提下实现轻量化。图 4-3 所示为某支架结构拓扑优化结果前后对比。

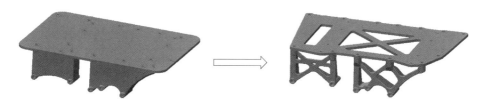

图 4-3　某支架结构拓扑优化结果前后对比

2. 轻量化设计的发展趋势

（1）基于实体验证的轻量化设计仿真　轻量化设计多结合软件仿真分析进行，轻量化设计的仿真研究趋向于在完成软件仿真后，制作出物理样机进行实际效果验证，并和仿真结果对比以确保仿真数据的可靠性，进而更好地实现轻量化设计。

（2）基于多学科优化的轻量化设计　轻量化设计中需要进行大量的优化工作，多学科优化是常见的一种手段。基于多学科优化的轻量化设计在车辆轻量化等领域研究及应用较多，优化效果显著，多学科优化技术的研究仍将是未来轻量化设计的一大发展方向。

4.1.3　低碳节能设计方法

1. 低碳节能设计

节能设计希望使实现相同功能的产品在全生命周期中消耗的能源更少。低碳设计旨在使实现相同功能的产品在全生命周期中产生的碳排放更少。低碳节能设计的核心思想是将能源节约和环境保护的理念与预防污染的方法同产品设计相融合，其要求进行产品设计时，在满足产品的基本功能、质量的基础上，更关注其节能和低碳的属性。

低碳节能设计可将低碳设计与节能设计有机结合，通过制定合理的加工制造方法、改善能源结构、改进产品材料类型、研发产品结构、优化控制系统等方式，实现产品全生命能耗和碳排放的降低。

2. 低碳节能设计技术准则

机电等产品在全生命周期中，能耗与碳排放主要集中在使用和制造阶段。产品制造阶段对能量的需求很大，产品整体结构、生产工艺的设计以及生产设备和管理章程的合理与否影响制造过程的能耗与碳排放。

（1）在制造阶段的低碳节能技术准则

1）选择合理的加工方法。在切削、冲压、焊接等多种加工方式中选择最合理的加工方式；在同类加工方式中，选择先进的清洁工艺和加工技术。

2）选取合适的工艺参数。如合理制定切削三要素，设置合理的热锻压温度与锻造比等，合适的工艺参数能有效降低能耗和碳排放。

3）采用合理的加工设备。如尽量采用专用设备、数控设备、先进的加工设备，采用低能耗、低排放的制造设备。

4）选用合理的毛坯制备方法。对于不同属性的零件制造，选用合理的毛坯制备方式。

5）制定合理的工艺顺序。合理制定工艺顺序，在提高加工质量和效率的同时可实现节能减排的目标。

（2）在使用阶段的低碳节能技术准则

1）采用低碳能源。尽量使产品在服役时能使用低碳能源，如核能、风能、太阳能和氢能等，可有效地降低产品使用过程中的碳排放。

2）使用新型高性能材料。如冰箱类产品，使用新型泡沫隔热材料、真空隔热板降低热交换，从而实现节能减排。

3）研发节能的产品结构。如节能灶等产品，通过研发灶具结构使燃烧更充分，在节约能源的同时减少了碳排放。

4）优化控制系统。利用传感器原理检测产品的使用情况，通过优化产品元件工作参数来避免不必要的能量损耗与碳排放。

3. 产品低碳节能优化

面向产品全生命周期的低碳节能优化是一个系统问题，既需要考虑各类部件及设计参数相互作用下对碳排放和能耗的影响，又需要考虑低排放、高能效特性与产品其他性能之间的协同效应。对产品展开低碳节能优化，应该依据产品结构和相关参数建立碳排放模型和能量损耗变化模型，求解得到产品全生命周期碳排放模块和能耗模块。对这类模块开展分析与改进，从而实现产品的低碳节能优化，其流程如图4-4所示。

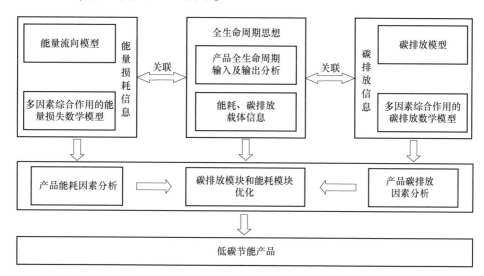

图 4-4　产品低碳节能优化流程

低碳和节能是高度相关的。能源获取和使用会产生一定的碳排放，所以实现节能的同时也能实现低碳；但通过使用清洁能源，可在未涉及节能的情况下实现低碳。在产品低碳节能设计中，低碳设计与节能设计不仅要与产品生命周期输入及输出相关联，还要将碳排放因素分析与能耗因素分析互相联系，以支持低碳节能设计。

4. 低碳节能设计方法的发展趋势

（1）基于模型驱动的低碳节能设计建模　当前，产品设计中关于设计方案的碳排放与能耗信息模型的研究仍处于初级阶段。探索产品设计方案与碳排放、能耗之间的关联关系，阐释和分析其影响机制，进一步构建面向低碳节能设计的设计模型，是学者持续研究的方向之一。

（2）研发低碳节能设计集成平台　随着工业信息化和智能化的大力发展，产品低碳节能设计的信息化也得到了广泛研究。研究高效可行的低碳节能设计集成平台，从系统底层实现与现有辅助设计软件的信息传递，以提升低碳节能设计的效率与精度，这是未来低碳节能设计的发展热点之一。

4.1.4　面向拆卸回收的绿色设计方法

1. 面向拆卸回收的绿色设计

面向拆卸回收的绿色设计方法是指在进行产品设计时考虑产品的可拆卸性、可回收性，从而设计出更加便于拆卸回收的产品，最终达到减少废弃物的产生、节约资源和降低环境影响的目的。目前，我国的可拆卸回收设计的技术研究与应用主要集中在汽车、家电等领域。

产品拆卸回收的相关研究涉及原始产品设计、拆卸方案设计、回收策略设计等内容。面向拆卸回收的绿色设计支撑技术和设计准则如图4-5所示。

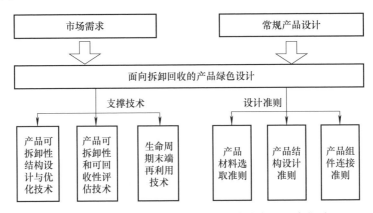

图4-5　面向拆卸回收的绿色设计支撑技术和设计准则

2. 设计支撑技术

（1）产品可拆卸性结构设计与优化技术　面向拆卸回收的设计方法旨在提供一个在产品维修阶段或者废弃回收阶段易于进行拆卸的结构。产品结构决定了拆卸和回收的效率、成本以及环境影响程度，利用现有的有限元分析、计算机辅助设计等技术可以显著提高结构设计和优化的质量及效率。

（2）产品可拆卸性和可回收性评估技术　面向拆卸回收的设计方法要求在初步确定产品整体结构后开展可拆卸性、可回收性评估，依据结果判断其结构是否满足设计需求。若未能满足设计需求，应对结构进行优化改进，直至满足所有设计目标。

（3）生命周期末端再利用技术　产品在生命周期末端必然要进行一定的处理，如果在产品报废后才考虑再利用，那么产品及其零部件的再利用价值可能无法得到完全体现。例如结构设计不合理导致零部件拆卸困难，强制拆卸致使原先完好的零件被破坏，无法实现再利用、再制造，只能简单地回收材料。面向拆卸回收的设计在设计阶段就考虑产品零部件的回收再利用问题，有助于实现资源和能源的节约，降低成本和减小环境影响。

▶ 3. 设计准则

在面向拆卸回收的绿色设计中，原材料的选择、产品结构设计、零部件结合方式对产品可拆卸性、可回收性的影响较大，由此产生了对应的三项设计准则。

（1）产品材料选择准则

1）尽可能地减少构成产品的原材料种类。产品原材料种类的减少能降低拆卸回收难度和拆卸回收效率。

2）使用可回收利用材料。可回收利用材料的使用可减少产品回收过程废弃物的产生量，更好地形成产品的生态闭环。

（2）产品结构设计准则

1）产品零件数量需要尽可能地减少。零件数目通常和产品拆卸难度呈正相关，即零件数目越少的产品越便于拆卸，同时拆卸耗时、耗能和成本也会随之降低。

2）产品结构尽可能采用模块化设计。模块化设计的产品具备互换性强和维护方便等特点，因此也兼备便于拆卸回收的特点。

3）产品需具备清晰的结构特点。如垂直式结构的产品及具备清晰结构特点的产品，拆卸回收工作的进行相对容易，既能降低拆卸人员的操作难度，还能在一定程度上防止零件在拆卸过程中受到损伤。

4）不可回收零件应尽可能放在同一区域。将不可回收零件放在同一区域内，可减少为得到有回收价值的零件而进行拆卸的步骤，对不可回收零件直接舍弃即可。

5）回收价值高的零件应尽量放在便于拆卸的位置。越便于拆卸的位置越容易得到完好的零部件，为避免回收价值高的零件在拆卸中损伤，在进行结构设计时，应将回收价值高的零件规划到便于拆卸的位置。

（3）产品组件连接准则

1）尽量避免零件间的永久性结合。永久性结合会使得相关人员在拆卸过程中对零件产生永久性损伤，不利于零件的回收再利用。

2）结合方式应便于拆卸。尽量使拆卸过程可以通过诸如钳子、扳手、螺钉旋具等通用型拆卸工具实现，即使需要使用专用拆卸工具，也应该满足易于操作的特点。

3）尽可能减少结合物件数量。结合物件数目的减少将减少拆卸过程的能量和时间消耗。

4. 面向拆卸回收的绿色设计方法的发展趋势

（1）面向拆卸回收的设计与模块化设计相结合发展　对产品的材料、结构、价值等各方面的属性进行合理的模块化后，其拆卸和回收性能会显著提高，与模块化设计相结合成为面向拆卸回收的绿色设计方法的热点方向。

（2）构建拆卸回收设计协同平台　目前，制造企业的设计部门与产品用户以及拆卸回收方之间信息难共享、实时性差，设计人员难以与用户及拆卸回收方就拆卸难度、经济性和耗时等拆卸回收信息进行交互与协同。未来，还需构建拆卸回收设计协同平台，以方便设计人员获取产品在拆卸回收过程的相关数据，支撑面向拆卸回收的产品绿色设计。

4.1.5　面向再制造的绿色设计方法

面向再制造的绿色设计是指在产品设计阶段对产品及其零部件的可再制造性进行考虑，并提出相关指标和要求，以使产品在寿命末端具有良好的可再制造性。面向再制造绿色设计方法的结构设计与寿命设计如图4-6所示。

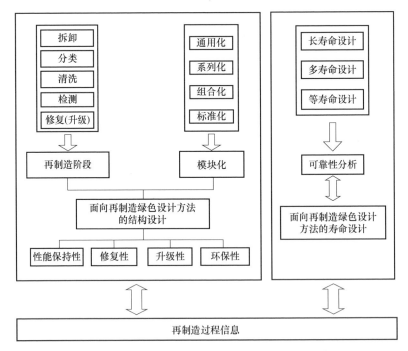

图 4-6　面向再制造的绿色设计方法的结构设计与寿命设计

▶ 1. 面向再制造各阶段的结构设计

产品再制造的全过程包括废旧产品的回收、拆卸、分类、清洗以及修复（升级）等阶段。面向再制造各阶段的结构设计要求设计者分析产品零部件结构和再制造性能间的映射关系，针对再制造不同的阶段，形成面向易分类、易拆卸、易清洗、易检测、易修复（升级）的再制造结构与工艺参数。本章 4.1.4节阐述了面向拆卸回收的绿色设计方法，这里主要介绍易分类、易清洗、易检测以及易修复（升级）相关内容。

（1）易分类　分类程度和效率直接影响着再制造过程的耗时和成本以及再制造产品的质量。为使废旧产品在拆卸后能合理、高效地进行分类，必须在设计阶段就将分类考虑在内。设计中应该优先考虑标准化、系列化、模块化的零部件，减少零件原材料的种类和数量，优先选用环保性能好、循环利用率高的材料。同时还要加强零件标识的应用和不同类型零部件设计特征的区分。

（2）易清洗　清洗是指利用清洗设备，通过使用各种技术方法将产品零部件表面的油脂、锈蚀、污垢等污物去除，使产品零部件表面达到一定清洁度的过程。清洗的清洁度对于产品性能的检测，再制造质量、成本、寿命等因素的影响很大。再制造产品零部件的清洗过程相对复杂，涉及的工艺多样，部分清洗技术（如喷丸清洗、化学清洗）对环境的影响程度大。从设计阶段就考虑产品再制造阶段的清洗能有效提高清洗效率和减小环境影响。因此，设计阶段应选择简单且效率高、污染低的清洗方式。

（3）易检测　回收后的产品，进行再制造之前必须进行检测。检测阶段的任务包括产品零部件损伤检测和剩余寿命评估。检测结果决定了零部件是否投入再制造及其修复方式的选择，影响着再制造的成本及环境影响程度。在设计阶段应该考虑再制造检测的方式，设计出合理的零部件结构和模块划分组合方式，尽量使检测过程简单化、高效化和绿色化。

（4）易修复（升级）　修复阶段是整个再制造的核心阶段，直接决定着再制造产品质量。在设计阶段就应考虑产品的易修复性，采用科学合理的零部件结构和材料，以减少工作中的磨损、腐蚀和疲劳，有利于提高零部件可修复性。应尽量采用易于替换的标准化零件与易于升级的结构，尽量提高产品模块化程度，预留拓展模块接口，以提高产品的可升级性。

为使产品在再制造过程满足易分类、易检测、易清洗和易修复的目标，在面向再制造过程的产品结构设计中，应加大产品零部件的模块化程度，实现产品模块的通用化、系列化、组合化和标准化。

▶▶ 2. 面向再制造绿色设计方法的寿命设计

面向再制造绿色设计方法的寿命设计是指在产品功能满足的基础上，采用各种先进的设计理论和工具，使设计出的产品能满足当前和将来相当长一段时间内的市场需求。零部件的设计寿命是影响其再制造性的关键因素之一，只有当零部件的剩余寿命满足一定的要求时，才能被再制造。寿命设计是一个综合性的问题，产品各零部件不仅应具有较长的寿命，还应使产品再制造性能优越。寿命的设计主要有长寿命设计、多寿命设计和等寿命设计。

（1）长寿命设计 长寿命设计旨在利用先进的理论方法和技术手段来延长产品、零部件的安全使用寿命。长寿命设计中除必要的结构设计外，还需对可能降低产品使用寿命的破坏进行分析和预测，其主要包括基于疲劳力学和断裂力学的安全寿命分析，电子元件、控制元件的接触疲劳分析，零部件复杂工况下磨损腐蚀情况的分析等。

（2）多寿命设计 产品不同的功能模块受损程度不同，各个功能模块的可修复和可升级性不同。多寿命设计的产品零部件呈现出多种寿命的特征，通过低寿命零件的替换可实现产品整体的长寿命。多寿命设计的产品模块化程度、标准化程度以及序列化程度都很高。电动牙刷是一个典型案例，其牙刷刷头的寿命要远远低于电动牙刷本体的寿命，可通过更换刷头的方式提高产品整体的寿命。

（3）等寿命设计 等寿命设计就是尽量使该产品的各模块有相同的寿命。在产品报废阶段，所有零部件全部淘汰，零部件超出报废期限之后的使用价值则被认为是浪费的。等寿命设计产品大多寿命不太长，其再制造、再利用性能都比较低。

▶▶ 3. 面向再制造的绿色设计方法的发展趋势

（1）智能再制造绿色设计 人工智能、机器学习和大数据等新兴技术的发展给绿色设计带来了新的机遇，面向再制造的绿色设计也趋于智能化。智能再制造绿色设计通过再制造成本、再制造工艺绿色性和用户需求等信息的智能筛选与聚合、产品结构智能设计、产品模块智能化分与组合，可提高面向再制造的绿色设计的质量和效率。

（2）主动再制造绿色设计 退役产品进行再制造时，容易出现主要零部件过度使用的情况。主动再制造绿色设计通过在设计阶段综合分析零部件的损耗和修复情况，设定零部件的最佳再制造寿命。达到设定寿命的零部件主动投入再制造，以提高再制造质量，降低再制造成本和环境影响。

4.2　基于特征的绿色设计方法

本章4.1节指出，单元绿色设计方法针对特定设计目标或产品生命周期特定阶段，虽然对产品特定性能需求的满足度高，但其设计目标、约束条件各不相同，不同方法在产品设计中存在信息耦合、冲突等现象。针对单元绿色设计方法多元不融合、难以满足日益复杂的绿色设计需求的问题，本节基于设计特征提出绿色特征与宏—微特征的概念，构建基于特征的绿色设计方案表达模型，阐述基于特征的全生命周期绿色设计方法。

4.2.1　基于绿色特征的产品方案设计方法

1. 绿色特征

在绿色信息的集成过程中，由于常规的设计思想与绿色设计的观点在信息需求和表达方式上有差异，因而在常规设计域和绿色设计域之间存在映射关系。通过分析映射，可将设计信息转化为绿色特征（Green Feature，GF）。

（1）绿色特征构成　设计特征是指产品设计所使用到的相关信息、数据的集合。绿色特征是一组有关产品环境影响信息的集合，包括资源消耗、生态环境影响、人体健康等方面。绿色特征与产品其他表现特征之间是交互的，其主要内容如图 4-7 所示。

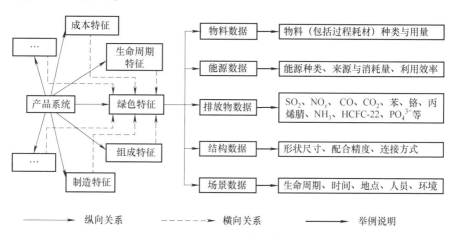

图 4-7　产品绿色特征构成

绿色特征采用一个三元组合来表征产品全生命周期各个阶段中的绿色信息。绿色特征即产品生命周期中有关环境影响信息的集合，数学表达如式（4-1）

所示。

$$GF = F_T \cup F_I \cup F_G \quad\quad (4\text{-}1)$$

式中：

$F_T = \{T_i, i = 1 \sim n \mid 原材料获取，生产制造，包装运输，……\}$；

$F_I = \{I_j, j = 1 \sim m \mid 零部件1，零部件2，零部件3，……\}$；

$F_G = \{G_k, k = 1 \sim p \mid 材料特征，能量特征，排放特征，……\}$。

F_T 为产品生命周期阶段：产品的绿色设计包含产品从概念形成、材料选取、生产制造、使用乃至废弃后回收、重用、处理的各个阶段。产品的绿色设计信息遍及产品的整个生命周期阶段，对产品设计信息按生命周期阶段进行分类统计，有助于产品设计信息的比较与汇总，有效地保证所收集信息的完整性。

F_I 为产品各个零部件：零部件是组成产品的基本单元。产品方案的评价结果受产品零部件设计信息的决定性影响。

F_G 为绿色特征与产品设计信息之间的映射关系：绿色特征是对产品绿色性的表征，主要由设计方案的设计信息所决定。方案的绿色特征与方案设计信息直接存在着一定的映射关系，例如产品零部件的选材会影响方案的材料特征，产品加工制造过程会对产品的能耗特征产生影响。通过建立绿色特征与设计信息之间的映射关系，可实现方案表达形式的转换，便于方案的绿色设计与评价。

（2）设计方案从设计域到绿色特征域的映射关系 绿色特征是产品设计信息的一种表示形式，源于常规产品设计，是常规设计信息按照一定规则映射到绿色设计信息体系中而得到的一种数据形式。对产品设计信息进行绿色特征建模后得到的绿色特征包含了产品资源消耗数据、能源使用数据、排放物数据等，如图4-8所示。设计方案中，产品的使用参数、加工参数、包装等信息需根据用

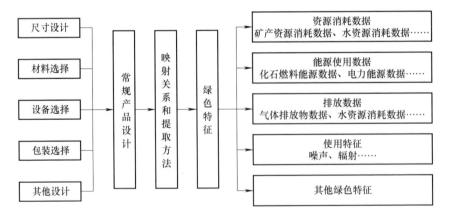

图 4-8　常规设计与绿色特征映射关系

户需求和技术要求等进行设计，这些设计信息决定着产品的材料特征、排放特征、能耗特征等绿色特征，直接影响着产品的绿色性。

1）映射关系表达。产品的绿色特征是产品设计信息绿色性的体现。方案的绿色特征与方案设计信息直接存在着一定的映射关系，映射关系 $\boldsymbol{F}_G$ 是实现产品方案从常规设计域转向绿色特征域的关键。

若设 $gf \in \boldsymbol{GF}$，it_1，it_2，it_3，$\cdots$，$it_n \in \boldsymbol{IT}$，存在函数 $f_G \in \boldsymbol{F}_G$ 使得 $gf = f_G(it_1$，it_2，it_3，$\cdots$，$it_n)$，则称 $\boldsymbol{F}_G$ 是从 $\boldsymbol{IT}$ 到 $\boldsymbol{GF}$ 的映射，如式（4-2）所示。

$$\boldsymbol{IT} \xrightarrow{F_G} \boldsymbol{GF} \tag{4-2}$$

式中，gf 为绿色特征包含的绿色特征属性；it_1，it_2，it_3，$\cdots$，it_n 为常规设计信息；$\boldsymbol{IT}$ 表示产品的常规设计信息矩阵；$\boldsymbol{GF}$ 为产品的绿色特征矩阵。

$\boldsymbol{F}_G$ 表示常规设计域和绿色设计域间的特征映射关系，它实质上是对常规信息进行的筛选、提取和转化，可进一步分解为式（4-3）。

$$\boldsymbol{GF} = F_z\{F_t[F_f(\boldsymbol{IT})]\} \tag{4-3}$$

式中，F_f 为筛选函数，根据信息需要，按照特定的规则要求，筛选常规设计域中与绿色特征有关的常规特征信息；F_t 为提取函数，将符合筛选规则的常规信息转换为对应的绿色特征；F_z 为聚合函数，合成转换来的映射特征集，得到绿色设计域需要的绿色特征集。上述三个函数共同反映了特征映射过程。

2）映射关系矩阵。为便于从 $\boldsymbol{IT}$ 设计信息矩阵中提取绿色特征，将映射关系以广义映射矩阵的形式表达，如式（4-4）所示。

$$\boldsymbol{F}_G = [F_1(\ )\ F_2(\ )\ F_3(\ )\ \cdots\ F_k(\ )] \tag{4-4}$$

式中，$\boldsymbol{F}_G$ 为映射矩阵，其列向量 $F_k(\ )$ 代表第 k 种绿色特征与设计信息之间的映射关系，不同的列向量表示不同的绿色特征与设计信息之间的映射关系。因绿色特征是由其属性进行表征的，所以 $F_k(\ )$ 并不是单一的映射函数，而是许多子映射函数的集合，如式（4-5）所示。

$$\boldsymbol{F}_k = [f_{k1}(\ )\ f_{k2}(\ )\ f_{k3}(\ )\ \cdots\ f_{kp}(\ )] \tag{4-5}$$

式中，$f_{kp}(\ )$ 代表第 k 种绿色特征的第 p 种属性对应的映射函数。例如回收特征中的产品回收率属性，其映射函数如式（4-6）所示。

$$f(\ ) = \frac{\sum\limits_{i=1} m_i \gamma_i}{\sum\limits_{i=1} m_i} \tag{4-6}$$

式中，m_i 为产品中材料 i 的用量；γ_i 为材料 i 的回收率。

（3）绿色特征建立流程　绿色特征定义中包含了三个层面的信息，即跨越生命周期各个阶段的时间域层面信息、包含产品每个零部件信息的物理域层面信息以及进行产品全生命周期评价的环境影响域信息。绿色特征的建立基于这三个域的集合，以矩阵的形式表达各个域内的信息，以矩阵相乘的形式进行绿色特征的建立。

将绿色特征定义中三个域内的设计信息以三个广义矩阵表示，绿色特征的建立过程基于这三个广义矩阵的乘法。第一步按照具体的设计流程将时间域和物理域这两个矩阵广义相乘，得到表示产品方案设计阶段的设计信息表达矩阵 IT，用以表达常规设计域内的绿色信息；第二步分析用于方案设计阶段生命周期评价的环境影响类型，以环境影响类型作为绿色信息筛选矩阵 F_G；再将设计信息矩阵 IT 与筛选矩阵 F_G 广义相乘，得到绿色特征矩阵，如图 4-9 所示。

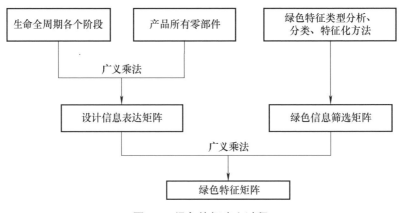

图 4-9　绿色特征建立过程

▷▷ 2. 绿色特征的提取和聚合

通过绿色特征将产品环境影响信息进行抽象表达，这需要对融于生命周期各个阶段且存在形式各异的绿色信息进行有效筛选与提取，并进行聚合。

（1）绿色特征的筛选与提取　在对方案的设计信息进行提取时，应以功能部件作为基本单元进行考虑。首先对各功能部件的设计信息进行提取，得到各功能部件的 IT 矩阵；然后将部件 IT 矩阵进行汇总，获得产品方案的 IT 矩阵；最后通过映射矩阵提取方案的绿色特征，如图 4-10 所示。

设计信息矩阵 IT 将方案设计中各部件的常规设计信息按照材料获取、加工制造、存储运输、使用维护、报废处理等生命周期阶段以矩阵广义相乘的形式表示出来，如式（4-7）所示。

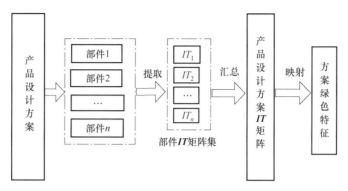

图 **4-10** 设计方案绿色特征提取过程

材料获取　加工制造　存储运输　使用维护　…　　报废处理

$$IT = \begin{bmatrix} IT_{11} & IT_{12} & IT_{13} & IT_{14} & \cdots & IT_{1n} \\ IT_{21} & IT_{22} & IT_{23} & IT_{24} & \cdots & IT_{2n} \\ IT_{31} & IT_{32} & IT_{33} & IT_{34} & \cdots & IT_{3n} \\ \vdots & \vdots & \vdots & \vdots & & \vdots \\ IT_{m1} & IT_{m2} & IT_{m3} & IT_{m4} & \cdots & IT_{min} \end{bmatrix} \begin{matrix} 部件1 \\ 部件2 \\ 部件3 \\ \vdots \\ 部件m \end{matrix} \quad (4\text{-}7)$$

获得方案的设计信息矩阵后，根据绿色特征和设计信息间的关联关系，建立绿色特征映射矩阵 $\boldsymbol{F}_G$，用于从常规设计信息中过滤和选取评价过程所需的绿色特征信息。通过此函数将产品绿色信息筛选出来，并进行聚合，从而完成产品绿色特征的提取。

综合上述步骤，得到绿色特征矩阵 $\boldsymbol{GF}$，如式（4-8）所示。

$$\boldsymbol{GF} = \boldsymbol{IT} \cdot \boldsymbol{F}_G = \begin{bmatrix} \sum_{t=1}^{n} F_1(IT_{1t}) & \sum_{t=1}^{n} F_2(IT_{1t}) & \cdots & \sum_{t=1}^{n} F_k(IT_{1t}) \\ \sum_{t=1}^{n} F_1(IT_{2t}) & \sum_{t=1}^{n} F_1(IT_{2t}) & \cdots & \sum_{t=1}^{n} F_k(IT_{2t}) \\ \vdots & \vdots & & \vdots \\ \sum_{t=1}^{n} F_1(IT_{mt}) & \sum_{t=1}^{n} F_1(IT_{mt}) & \cdots & \sum_{t=1}^{n} F_k(IT_{mt}) \end{bmatrix} \quad (4\text{-}8)$$

（2）绿色特征的聚合　将式（4-8）中的绿色特征进行同类聚合，即将矩阵中的每一列进行求和，即可得到产品设计方案的绿色特征，如式（4-9）所示。

$$GF_k = \sum_{t=1}^{n} F_k(IT_{1t}) + \sum_{t=1}^{n} F_k(IT_{2t}) + \cdots + \sum_{t=1}^{n} F_k(IT_{mt})$$
$$= \sum_{h=1}^{m} \sum_{t=1}^{n} F_k(IT_{ht})$$
$$(4\text{-}9)$$

最终得到基于绿色特征产品的设计方案表达，如式（4-10）所示。

$$GF = (GF_1 \ GF_2 \ \cdots \ GF_k) \tag{4-10}$$

同类信息的集成，反映了产品域和绿色特征域之间的映射关系，从而在生命周期的每个阶段建立相应的绿色特征。

▶ 3. 基于绿色特征的绿色设计方案表达

产品设计过程就是为产品功能寻找结构载体的过程，即在产品需求域、功能域、结构域之间进行映射变换的过程。这种逐层反复映射的过程，受到技术、经济条件的约束。设计方案的形成是设计产品功能逐级分解与结构层次逐渐细化的结果，最终以单元参数的形式表征出来。产品设计方案为一系列构成要素的集合。绿色设计方案是在满足上述功能结构分级的同时，力争得到环境影响最小的解，如图4-11所示。

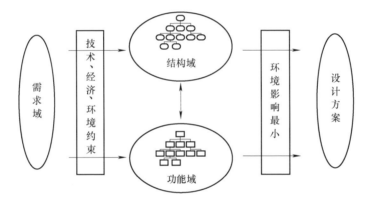

图 4-11　绿色设计目标与约束

产品绿色设计数学表达如式（4-11）所示。

$$\text{Green Design Scheme} = \left\{ F_1, F_2, \cdots, F_n \mid \int_T E(F_1, F_2, \cdots, F_n)\, \mathrm{d}t \to \min \right\} \tag{4-11}$$

式中，$F_q(q=1,2,\cdots,n)$ 代表功能单元；$E(F_q)$ 代表功能单元 F_q 实现过程中所产生的环境影响函数；T 为产品的全生命周期。

产品功能实现过程中的环境影响是针对产品对象的输入量/输出量的评价。因此，功能单元 F_q 的环境影响其实就是针对该功能的资源输入与环境排放的影响评价，如式（4-12）所示。

$$\int_T E(F_q)\, \mathrm{d}t = \int_T \left[E_{F_q}(\text{Resources}) + E_{F_q}(\text{Emissions}) \right] \mathrm{d}t \tag{4-12}$$

式中，输入资源（Resources）包括能源、原材料、辅助材料、耗材、水、土地、气体等各种资源；环境排放（Emissions）包括各种废物、废气、废液、噪声、辐射等。

基于将产品需要的功能转化为一定的结构来进行产品方案设计的思想，设计方案最终通过确定产品最终的组成单元及其参数体现。产品组成单元是功能实现过程中的系统输入/输出的载体，单元参数决定了输入量/输出量的多少。以某机械产品传动中减速功能的实现为例，如图 4-12 所示。该图展示了设计需求分解和映射至零件的过程，并结合约束关系展示了零件单元的输入/输出关系。

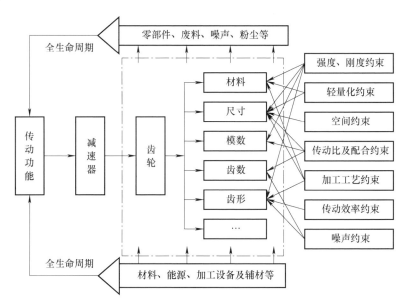

图 4-12 某机械产品减速功能实现与结构单元输入/输出的关系

绿色特征对应的单元参数称为绿色特征参数，将设计变量和约束条件中与环境影响相关的要素提取和集成，就构成了绿色特征设计变量和环境影响约束条件，功能结构特征与绿色特征的映射关系如图 4-13 所示。

从产品的全生命周期设计角度出发，建立绿色特征与设计变量的对应关系，并构建基于绿色特征的产品设计方案表达模型，如图 4-14 所示。

▶▶ 4. 基于绿色特征的快速生命周期评价

快速生命周期评价（Rapid Life Cycle Assessment，RLCA）是指在保证获得可靠评价结果的前提下，简化生命周期评价过程，缩短评价周期。通常情况下，生命周期评价过程可以通过以下几种途径进行简化。

1）针对同类或相似产品评价时，生命周期阶段的简化。在对比不同方案优劣时，可根据需求忽略环境影响小和差别不大的生命周期环节，只关注其重点环节。

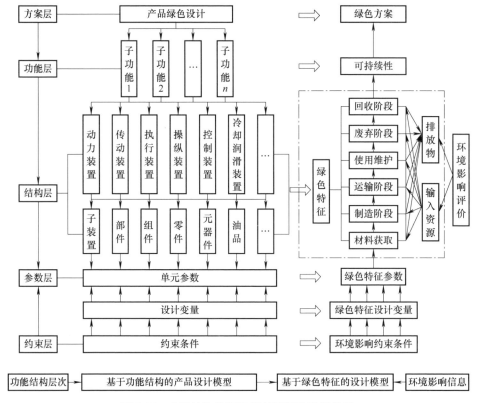

图 4-13　功能结构特征与绿色特征的映射关系

2）清单数据的简化。数据收集是一项困难的任务，评价中部分对结果影响很小的数据可以不予考虑，部分无法获取的数据可用相似数据代替。

3）环境影响类型的简化。在进行环境影响评价时，针对不同的关注人群，可以重点考虑他们所关注的环境影响类型。

4）评价过程的简化。针对某些产品的对比性评价过程，可以略去相同的环节，只分析存在差异的部分。

5）混合型简化。指以上简化途径的混合形式。

针对常规的生命周期评价过程中信息需求量大、难以获取的繁杂现象，提出了基于绿色特征的快速生命周期评价，其流程如图 4-15 所示。

由于绿色特征是对产品系统中与环境影响有关的信息的抽象和精炼，所以RLCA 过程可以抛开产品实体的概念，直接针对绿色特征开展分析与评价。基于

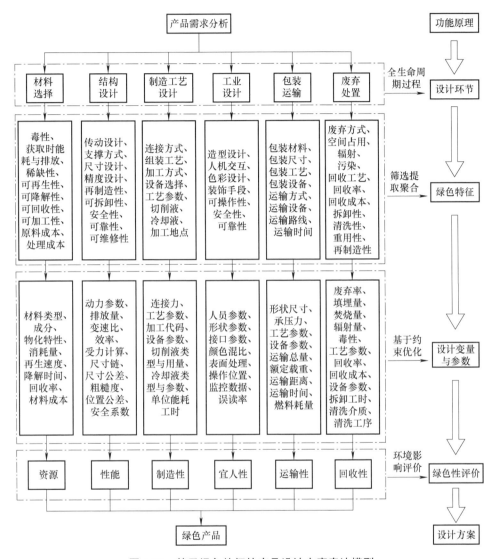

图 4-14 基于绿色特征的产品设计方案表达模型

绿色特征的 RLCA 包括以下内容。

1）确定评价的目的与范围，并据此确定简化途径，做好 RLCA 的前期准备工作。

2）将从映射过程中提取出来的绿色特征信息作为 RLCA 的输入信息，结合不确定性信息的标准化处理模型进行定量和定性信息的处理。

3）将各绿色特征信息处理之后进行环境影响评价，将评价结果进行汇总，得到 RLCA 结果，对结果进行解释，形成评价文件。

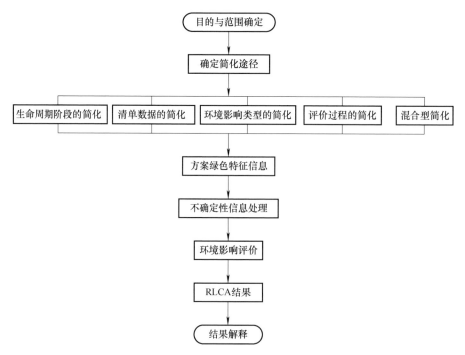

图 4-15　基于绿色特征的快速生命周期评价流程

⫸ 5. 绿色特征中的不确定信息处理和敏感性分析

产品生命周期评价数据具有数据来源多、数据量巨大、数据的时空范围广、数据类型复杂和部分数据难以获得等特点，因此数据质量差异较大。产品清单数据中存在着大量的不确定信息，其中既包含定性信息，又包含定量信息，影响着评价结果的准确性。因此，需要对不确定的信息，即定性不确定特征和定量不确定特征进行处理分析。采用模糊集理论中的直觉模糊数对定性不确定特征进行研究；采用蒙特卡洛分析方法对定量不确定特征进行仿真分析，将其标准差作为不确定性因子进行不确定性分析。不确定信息处理流程如图 4-16 所示。

（1）定性不确定特征处理　在绿色特征的提取过程中，部分特征（如材料稀缺性、可拆卸性等）无法具体量化，需要通过一些模糊数和语言进行评价，如"很多、较少、优秀、很差"等。直觉模糊数是处理和量化这些模糊评价的工具。可以将语言变量转换成直觉模糊数，进行计算分析。

绿色特征 GF_i 由 n 个子特征 GF_{i1}、GF_{i2}、GF_{i3}、$\cdots$、GF_{in} 聚合而成，所以对于某个不确定的定性绿色特征，可以根据其各子特征的模糊数，通过加权计算得到集成的模糊数，即该绿色特征的值。

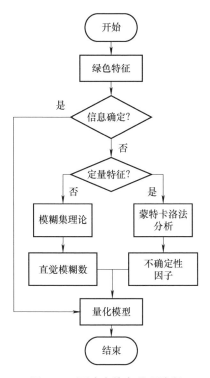

图 4-16 不确定信息处理流程

首先，根据直觉模糊集理论，可以将子特征 GF_{ij} 的语言变量转换成直觉模糊数，见表 4-2 所列。

表 4-2 语言变量与直觉模糊数对应表

语言变量	直觉模糊数	语言变量	直觉模糊数
极差	(0.05，0.95，0.00)	较好	(0.65，0.25，0.10)
很差	(0.15，0.80，0.05)	好	(0.75，0.15，0.10)
差	(0.25，0.65，0.10)	很好	(0.85，0.10，0.05)
中下	(0.35，0.55，0.10)	极好	(0.95，0.05，0.00)
中	(0.50，0.40，0.10)	—	—

然后，确定各子特征 GF_{ij} 对特征 GF_i 的重要性，并将子特征重要程度的语言变量转换为直觉模糊数，其对应关系见表 4-3 所列。

表 4-3　子特征重要程度的语言变量与直觉模糊数对应表

语 言 变 量	直 觉 模 糊 数
非常重要	(0.90, 0.05, 0.05)
重要	(0.75, 0.20, 0.05)
中等	(0.50, 0.40, 0.10)
不重要	(0.25, 0.60, 0.15)
非常不重要	(0.10, 0.80, 0.10)

设第 j 个子特征的重要性程度用直觉模糊数 $Dk = (\mu k, \nu k, \pi k)$ 来表示，其权重计算公式如式（4-13）所示。

$$\omega_j = \frac{\mu_j + \dfrac{\pi_j \mu_j}{\mu_j + \nu_j}}{\sum_{j=1}^{n}\left(\mu_j + \dfrac{\pi_j \mu_j}{\mu_j + \nu_j}\right)} \tag{4-13}$$

其中，$\omega_j \geq 0$；$\sum_{j=1}^{n}\omega_j = 1$，$\omega_j$ 为子特征 GF_{ij} 对特征 GF_i 的权重系数。

最后，利用直觉模糊加权平均算子计算得到直觉模糊数，如式（4-14）所示。

$$\mathrm{IFWA}_{\omega}(\alpha_1, \alpha_2, \cdots, \alpha_n) = \omega_1\alpha_1 + \omega_2\alpha_2 + \cdots + \omega_n\alpha_n \tag{4-14}$$

（2）定量不确定特征处理　对于定量不确定特征，可以利用行业内同特征样本容量统计值来计算均值、变化系数和标准差，最后利用蒙特卡洛仿真分析，得到绿色特征值，并对数据不确定性进行分析。可利用拟合分析的方法来确定蒙特卡洛仿真中统计量的概率分布函数。常用的概率分布函数有正态分布、对数正态分布、卡方分布、离散均匀分布、F 分布、泊松分布、t 分布等函数。

假设某个不确定的定量绿色特征 GF_i 在子特征数据收集中存在不确定性因素，从而导致绿色特征 GF_i 的不确定。研究绿色特征 GF_i 的不确定性时，首先根据行业内的样本统计，得到各个子特征 $GF_{ij}(j=1,2,\cdots,n)$ 的平均值和变化系数，并通过拟合分析的方法来确定各子特征的概率分布函数。然后通过 MATLAB 软件进行蒙特卡洛仿真，得到各子特征特定规模下的随机仿真数值，最后求均值即可得到绿色特征 GF_i 的值。

（3）基于神经网络的敏感性分析模型　目前的 LCA 技术大多关注设计方案和现有产品的正向评价过程，而很少关注评价结果反馈给设计方案的改进信息，即缺乏反向回溯机制，难以指导设计人员进行绿色设计。BP 神经网络（Back

Propagation Neural Network）是一种前向型神经网络模型，可考虑不同影响因素同时变化对分析目标的影响。利用 BP 神经网络的敏感性分析技术，确定主要的绿色设计信息对 LCA 结果的影响趋势，从而指导设计方案的变更和优化。生命周期敏感性分析模型如图 4-17 所示。

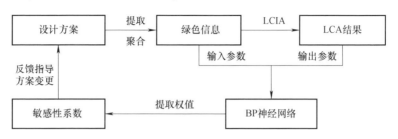

图 4-17　生命周期敏感性分析模型

BP 神经网络结构由输入层、隐含层和输出层组成，相邻层的神经元通过权值、阈值连接。其中，输入层和输出层均有一个，其单元数与实际输入/输出参数一致；隐含层可以有一个或多个，所包含的神经元数量需反复计算确定。因为三层神经网络具有良好的函数逼近功能，且便于设计，操作性强，故采用三层 BP 神经网络结构，其示意图如图 4-18 所示。

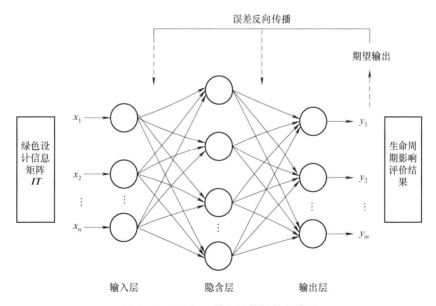

图 4-18　三层 BP 神经网络结构示意图

BP 神经网络算法流程分为正向传播和误差反馈两个阶段。样本数据经输入层、隐含层、输出层逐层处理并计算得到每个单元的实际输出；若实际输出与理想输出相差很大，则将两者之间的差值逆向逐层反馈，并根据该差值调节相邻层间的权值和阈值。其中，初始权值和阈值任意给定，正向过程中两者数值不变，反馈过程权值、阈值不断调整，直到输出误差达到理想要求，实现网络训练。

隐含层的设计是训练神经网络的重要步骤，主要用来确定神经元节点的数量。神经元节点数量过少会降低非线性网络逼近的精度，数量过多则会延长网络学习时间，还会导致容错性误差。隐含层神经元最佳节点数的确定并不存在确切的公式，而是需要依靠经验和反复计算来进行。采用式（4-15）确定隐含层神经元节点数。

$$l = \sqrt{m + n} + a \qquad (4\text{-}15)$$

式中，m 为输入单元数；n 为输出单元数；l 为隐含层神经元节点数量；a 通常取 $[1, 10]$ 之间的常数。计算时 l 值需用四舍五入法进行调整。

确定了 BP 神经网络的结构之后，先通过搜集的数据训练神经网络，使其达到预定的精度。然后输入产品方案的绿色信息和生命周期评价结果，并提取相邻层之间的连接权值。最后通过 Tchaban 算法，利用神经网络各层之间的连接权值进行敏感性计算，如式（4-16）所示。

$$wp_{ik} = \frac{x_i}{y_k} \sum_{j=1}^{m} |a_{ij}b_{jk}| \qquad (4\text{-}16)$$

式中，a_{ij} 为输入层与隐含层之间的连接权值，$i = 1, 2, \cdots, n$，$j = 1, 2, \cdots, m$；b_{jk} 为隐含层至输出层的连接权值，$j = 1, 2, \cdots, m$，$k = 1, 2, \cdots, l$；n、l、m 分别表示输入层、输出层和隐含层的单元数。按式（4-16）的计算方法，即可得到不同输入参数对输出参数影响的贡献值，进而确定不同绿色设计信息对环境影响的大小。

4.2.2 基于宏—微特征的低碳设计方法

1. 宏—微设计特征

基于宏—微特征的低碳设计方法将产品设计特征定义为产品宏特征与产品微特征的集合，即产品设计特征 = ｛宏特征集合+微特征集合｝。宏特征包括运行状态特征和关系特征；微特征指零部件的具体结构属性，包括形成该零部件的材料特征、几何特征和表面处理特征。

（1）宏特征　宏特征中，运行状态特征是指产品的运行参数；关系特征通过空间位置关系和连接关系来表达零部件间不同层次的约束强弱关系，其具体内容如图 4-19 所示。

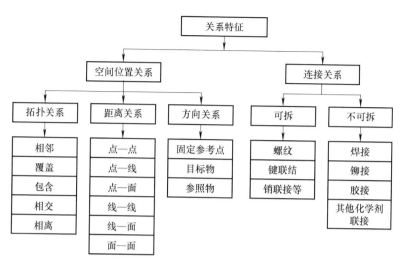

图 4-19　关系特征具体内容

空间位置关系指由零部件的几何特征所引起的关系，包括拓扑关系、距离关系以及方向关系。拓扑关系用基于点集的拓扑学理论模型来描述，该模型通过判定两个三维空间物体的内部、边界和外部之间构成的交集来描述和区别拓扑关系类型，考虑产品零件的物理特征。拓扑关系可表示为相邻、覆盖、包含、相交、相离五类。距离关系反映零部件间的几何接近程度，可归纳为点—点、点—线、点—面、线—线、线—面及面—面间的距离。若零件的表面较复杂，则可将距离映射为定性距离，用"很近、近、远、很远"等对应一个距离区间所指定的数值来进行直观的描述。方向关系描述一个零部件相对于另一个零部件的方位关系，由固定参考点、目标物和参照物唯一确定，通常用角度（0°,45°,…,90°）表示。宏特征中的连接关系指两零件之间的连接方式，划分为可拆和不可拆两类。

产品零件之间的关系特征可以基于图论进行描述，如图 4-20 所示。连接线上的符号是两部件之间连接关系和空间位置关系的组合；大写字母表示空间位置关系，对应的空间位置关系特征见表 4-4 所列；小写字母表

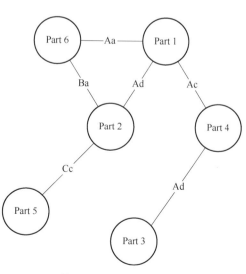

图 4-20　产品关系特征

示连接关系，对应的连接关系特征见表4-5所列。

表4-4 产品空间位置关系特征表

特 征	A	B	C	D	E
空间位置特征	相邻	包含	相交	覆盖	相离

表4-5 产品连接关系特征表

特 征	a	b	c	d	e	f	g	h	i
连接类型特征	螺纹	焊接	黏结	轴承	铆接	销钉	楔连接	嵌套	键联结

运行特征参数见表4-6所列，它用来描述各功能系统在不同运行状态下的设计参数，如机床待机状态下高能耗部件的功率。

表4-6 运行特征参数表

运 行 特 征	描 述	设 计 参 数
运行特征1	描述1	设计参数1
运行特征2	描述2	设计参数2
...	...	...

（2）微特征 微特征包括材料特征、几何特征和表面处理特征，用来表示零部件的具体性能。

1）材料特征。材料特征包含零件材料的类型、重量、性能和回收方式。以材料类型为例，主要分为工程材料和功能材料。其中，工程材料包括金属材料、有机高分子材料、复合材料、陶瓷材料等结构性材料，其材料性能主要指硬度、密度、强度、塑性、韧性等；功能材料用于制造功能元件，如磁性器件、光敏元件等，其材料性能主要指电、磁、声、热、光等特殊的物理化学性能。

2）几何特征。几何特征包含形状特征和尺寸特征，表示零件的几何形状和尺寸信息。一般来说，每个零件都包含一个或几个几何特征，每个几何特征对应着一系列特定的加工工艺。形状特征可以分为整体形状特征和局部形状特征。整体形状特征描述了一个零件的主要形状，如圆柱体、圆锥体和长方体。局部形状特征是对整体形状特征的补充，描述要加工形成的微观形状，例如孔、槽、面。尺寸特征表示形状特征准确或近似的尺寸信息，包括长度、宽度、高度、半径、角度、体积，以及零件的总体尺寸、总体积、总表面积等。

3）表面处理特征。表面处理特征包括了零件的表面工艺处理要求和相关技术方法，如表面粗糙度、精度等要求，以及表面热处理、喷涂等技术。

2. 基于宏—微特征的低碳设计方案表达模型

基于宏—微特征的低碳设计方法将产品设计方案所包含的相关信息、数据定义为宏—微特征，产品的功能则通过特定的宏—微特征的集合在使用过程中实现。基于宏—微特征的低碳设计方案表达模型如图 4-21 所示，该模型也被称为产品方案设计的功能—结构—特征（Function-Structure-Feature，FSF）模型。

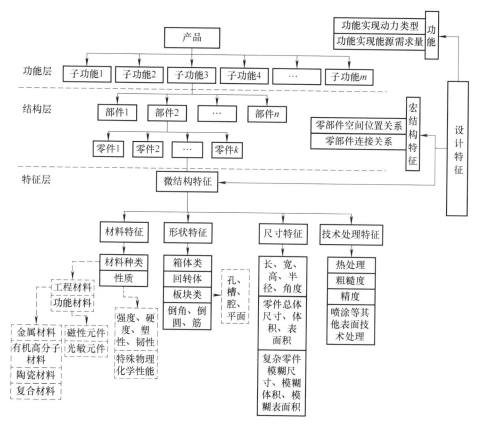

图 4-21　基于宏—微特征的低碳设计方案表达模型

3. 产品设计方案与生命周期碳排放关联建模

产品生命周期中发生的各种碳排放活动，可归纳为面向设计宏特征与设计微特征的操作，以及使得特征发生变化而引发的一系列活动。有时产品的几种特征会共同影响同一种碳排放活动，有时产品的同一种特征又会产生几种不同的碳排放活动，其中某些特征对某类碳排放活动具有决定性作用，其他特征的影响次之。将产品方案设计特征与生命周期碳排放活动关联，其中，产品生命周期各种碳排放活动可分为六类，面向产品设计特征的生命周期碳排放关联模型如图 4-22 所示。

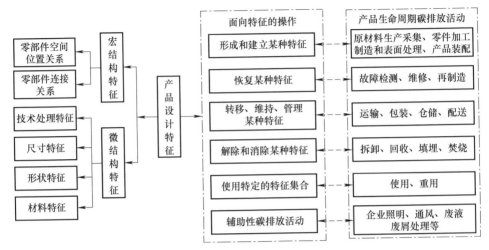

图 4-22　面向产品设计特征的生命周期碳排放关联模型

（1）形成和建立某种特征而进行的碳排放活动　形成零件的材料特征，指原材料采集和原材料生产的碳排放活动；形成零件的形状特征，包括使用去材、增材、成形、电化学或者其他特种加工工艺来形成相应形状的加工制造而产生的碳排放；形成零件表面的技术特征，包括为达到某种表面要求而进行的热处理、喷涂等碳排放活动；建立零件间的宏特征，主要是装配过程的碳排放活动等。

（2）恢复某种特征而进行的碳排放活动　当产品被使用一段时间后，零部件的材料特征与形状特征可能会发生某些变化，恢复这些特征会引发对应的碳排放活动。例如零件使用一段时间后出现形变、磨损导致产品无法正常工作，引发故障检测和维修等碳排放活动；若对失效零部件进行再制造，则会产生检测、清洗、再加工等碳排放活动。以上活动都是为了恢复零件发生故障和破损后的材料与形状特征，其他特征通常会同时得到恢复，例如形状特征恢复后，由形状发生变化引起的宏结构改变将同时得到恢复。

（3）转移、维持、管理某种特征而进行的碳排放活动　产品生命周期中的储运、包装等过程引发的碳排放活动包括原材料运送到制造企业的运输碳排放活动、外购零件的运输阶段碳排放活动、企业内部的零部件和产品的仓储碳排放活动、产品的包装碳排放活动以及产品销售配送碳排放活动。这些碳排放活动实质上都是为转移、维持和管理产品的设计特征而产生的，其中，材料特征和尺寸特征决定了上述碳排放活动的具体形式，例如根据材料的性能特点和零件模糊体积尺寸，选择适合的包装、仓储和运输形式。

（4）解除和消除某种特征而进行的碳排放活动　主要指对产品进行拆卸发生的碳排放活动。解除的特征可以重新进行建立，而消除的特征将不再考虑重新建立。在拆卸之后，一部分可再循环的零件材料将被回收再利用，而另一部分废弃的零件材料将被填埋或焚烧，以上碳排放活动均消除了零件的微特征。由于回收材料是一种使得资源再生的碳排放活动，需要根据某类材料回收的比例减少产品生命周期中该类材料特征形成活动的碳排放。

（5）使用特定的特征集合（功能）而产生的碳排放活动　在产品的使用阶段，使用某个宏—微特征集合形成的功能，可产生相应的碳排放活动。特定的特征集合决定着功能实现的能量需求量和能源需求类型，如汽车使用过程中开启照明、雨刷功能产生电力类的碳排放，发动机的运行产生燃料类的碳排放。

（6）辅助性碳排放活动　该类碳排放活动是为使上述关于特征的操作正常进行而开展的，贯穿于产品整个生命周期，如制造企业的照明、通风、保温、冷却、废屑及废液处理、刀具磨损等活动。

综上所述，构建基于宏—微特征的产品设计方案表达模型，利用特征关联活动碳排放，能实现方案设计阶段产品碳排放的相对快速、准确的计算。提出基于宏—微特征的低碳设计方法，以支持产品全生命周期的绿色设计。

4.2.3　基于绿色特征的设计方法应用案例

本章 4.2.1 节和 4.2.2 节分别介绍了基于绿色特征的产品方案设计方法和基于宏—微特征的低碳设计方法，本节将对上述方法的应用进行案例介绍。其中，案例 1 基于绿色特征产品方案设计方法对罗茨鼓风机进行方案设计；案例 2 介绍了基于宏—微特征的滚齿机低碳设计；案例 3 基于绿色特征和质量功能配置实现了半自动普通滚齿机床产品的绿色性能优化。

案例 1：基于绿色特征的三叶罗茨鼓风机方案设计

风机主要实现通风、排尘和冷却等作用，其广泛用于建筑物、矿井、隧道、车辆及空气调节设备等。目前，我国设备中约占总量 60% 的电机是与风机系统配套使用的，其耗电约占全国耗电总量的三分之一。然而，部分风机在使用过程中存在着调节方式落后等现象，导致严重的资源浪费，负面效应严重。因此，风机系统改进空间广，节能降耗潜力大。基于绿色特征的产品方案设计方法，以某公司的三叶罗茨鼓风机（如图 4-23 所示）为研究对象，展开产品设计与评价案例分析。

图 4-23　三叶罗茨鼓风机

▶ 1. 产品方案设计建模

某企业拟设计一台三叶罗茨鼓风机，其基本性能要求为：

输送介质：空气；

进口压力：标准大气压（101kPa）；

进口流量：$0 \sim 4\mathrm{m}^3/\mathrm{min}$；

升压：$0 \sim 15\mathrm{kPa}$；

转速：$0 \sim 1450\mathrm{r}/\mathrm{min}$；

轴功率：1.8kW；

传动方式：直联传动；

安装方式：地穴法安装。

按照本章4.2.1节所述产品方案设计方法，根据鼓风机功能要求进行功能结构分析求解，将其系统结构分为电动机、变频器、空气过滤器、鼓风机本体、底座五部分，如图4-24所示。

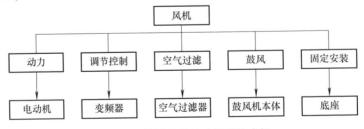

图 4-24　鼓风机系统功能结构求解

按照设定的功能参数进行功能部件配置，受限于采集数据信息，仅以鼓风机中的电动机部件为例进行实例验证。由于关于鼓风机的销售、运输和使用阶段的数据难以获得，因此研究实例仅针对原材料获取阶段、生产制造阶段和报废回收阶段。根据鼓风机系统的功能参数，设定电动机的主要技术参数为：

额定功率 C_1：2.25kW；

转速 C_2：1450r/min；

效率 C_3：80%；

功率因数 C_4：0.8。

因此，理想电动机的特征向量为 M_0 = {2.25，1450，80，0.8}。在实例库中匹配，得到四个相似电动机，其参数矩阵如式（4-17）所示。

$$\begin{array}{cccccc} & M_0 & M_1 & M_2 & M_3 & M_4 \\ \begin{array}{c} C_1 \\ C_2 \\ C_3 \\ C_4 \end{array} & \left[\begin{array}{ccccc} 2.25 & 2.2 & 2.2 & 3 & 4 \\ 1450 & 2840 & 1420 & 1420 & 1440 \\ 80 & 80.5 & 81 & 82.5 & 84.5 \\ 0.8 & 0.86 & 0.82 & 0.81 & 0.82 \end{array}\right] \end{array} \quad (4\text{-}17)$$

对式（4-17）进行规范化处理，结果如式（4-18）所示。

$$\begin{array}{cccccc} & M_0 & M_1 & M_2 & M_3 & M_4 \\ \begin{array}{c} C_1 \\ C_2 \\ C_3 \\ C_4 \end{array} & \left[\begin{array}{ccccc} 0.36 & 0.35 & 0.35 & 0.48 & 0.63 \\ 0.36 & 0.70 & 0.35 & 0.35 & 0.36 \\ 0.44 & 0.44 & 0.44 & 0.45 & 0.46 \\ 0.44 & 0.47 & 0.45 & 0.44 & 0.45 \end{array}\right] \end{array} \quad (4\text{-}18)$$

根据方案中主要技术参数的重要程度，赋予其权重 w = (0.4，0.4，0.1，0.1)，各相似电动机相对于理想电动机的相似度 S = (0.22，0.01，0.08，0.18)。其中，$S_2 < S_3 < S_4 < S_1$，即特征向量为 M_2 的电动机为最佳匹配电动机。下文中的分析将围绕特征向量为 M_2 的电动机的信息展开。

▶▶ **2. 绿色特征提取**

电动机主要由机壳、转子、定子、端盖、密封圈等组成，其中定子和转子是电动机的主体部分。由企业现有设计数据得到特征向量为 M_2 的电动机的部分设计信息，如式（4-19）所示。

$$IT = \quad (4\text{-}19)$$

材料类型	零件坯重/kg	加工方式	部件
灰铁	5.82	结合面 内表面 孔加工	机壳
45 钢	2.75	孔加工 外表面 结合面	定子
硅钢	2.44	冲压	
铝	2.68	铸造	
铜	3.52	拉丝	
硅钢	2.16	冲压	转子
铜	5.54	拉丝	
灰铁	0.35	车平面 铣平面 钻孔	端盖
橡胶	0.11	注塑	密封圈
部件		装配 动平衡 检测	整机

提取绿色特征并聚合可以得到电动机的绿色数据，见表 4-7 所列。其中，灰铁、45 钢和硅钢均按钢材计算。

表 4-7　电动机绿色数据清单表

数 据 类 型	数 据 值	单 位
钢材	13.52	kg
铜	9.06	kg
铝	2.68	kg
橡胶	0.11	kg
电能	13.6	kW·h
水	3.12	kg
粉尘	6.1	mg/m³

3. 不确定性信息处理及环境影响评价

在统计过程中，由于数据测量、数据来源、时空差异性等原因会导致数据具有不确定性。在电动机的数据统计中，电能数据不确定范围为±10%，其根源是电动机机壳、定子、转子、端盖、密封圈和整机装配的耗电数据具有不确定性。电动机电能的定量不确定绿色特征值见表4-8所列。

表4-8　定量不确定绿色特征值

特征（GF）	特 征 值	变 化 系 数	概 率 分 布
机壳	2.54	0.2	正态分布
定子	5.38	0.1	正态分布
转子	3.67	0.3	正态分布
端盖	0.72	0.1	正态分布
密封圈	0.44	0.2	正态分布
装配	0.85	0.1	正态分布

通过 MATLAB 软件进行蒙特卡洛仿真，得到各电动机子特征的 10 个随机仿真数值，见表4-9所列。

表4-9　蒙特卡洛模拟各个子特征的随机数值

特征（GF）	1	2	3	4	5	6	7	8	9	10
机壳	2.813	3.472	1.393	2.978	2.702	1.876	2.320	2.714	4.358	3.947
定子	4.654	7.013	5.770	5.346	5.765	5.270	5.313	6.181	6.138	6.142
转子	4.409	2.341	4.460	5.465	4.208	4.809	4.470	3.336	3.994	2.803
端盖	0.784	0.637	0.643	0.662	0.508	0.824	0.743	0.666	0.819	0.597
密封圈	0.431	0.419	0.468	0.468	0.364	0.437	0.425	0.495	0.536	0.538
装配	0.777	0.857	0.747	0.755	0.849	0.980	0.785	0.882	0.831	0.945

由蒙特卡洛法求得绿色特征 GF 值：

$$GF = \frac{1}{10}\sum_{j=1}^{10}\sum_{i=1}^{6}GF_{ij} = 14.63$$

该绿色特征的特征值为 14.63，经计算得其标准差，即不确定性因子为 0.94。

采用 Eco-indicator99 评价方法，对修正后的绿色数据进行生命周期影响评价，得到该方案的 LCA 结果，见表4-10所列。

表4-10　电动机生命周期评价结果

项　　目	人体健康/pt	生态环境/pt	资源消耗/pt	总体/pt
评价结果	109	17.1	16.9	143

第 4 章　绿色设计方法集成

107

▶▶ **4. 敏感性分析**

（1）BP 神经网络样本选取　从企业调研得到的 15 组产品数据作为 BP 神经网络的样本输入参数，确定样本数据范围为产品的原材料采集阶段、产品加工制造阶段。为方便数据显示，在产品 *IT* 矩阵中即对数据信息进行了聚合处理，得到产品生命周期各阶段的绿色信息，并以该数据作为样本数据，见表 4-11 所列。

表 4-11　15 组产品的绿色数据

产　　品	铁/kg	铜/kg	铝/kg	塑料/kg	电能/（kW·h）	水/kg	粉尘/（mg/m³）
Y80 电动机	18.58	1.02	0.28	0.08	11.84	2.54	5.7
牵引电动机	9.06	9.06	6.98	0.11	16.34	3.12	6.1
镍氢电池	13.64	1.49	0.19	8.6	11.55	2.53	5.6
发动机	146.97	5.28	29.23	17.05	786	5.28	8.5
控制器	1.08	1.76	10.08	5.12	33.51	7	7.6
传动系统	51.97	16.24	17.18	0.17	78	7.8	7.4
底盘系统	262.37	4.1	3.51	5.85	1996	17.6	6.3
车身系统	369.37	10.28	3.79	97.89	2311	19	5.4
曲轴	92.7	0	0	0	578	10	5
壁挂空调	25.45	6.64	3.23	6.28	882	6	4.9
立柜空调	56.99	9.15	6.6	8.55	1010	6	4.9
电冰箱	13.73	2.35	0	1.2	24.67	6.8	2.36
咖啡机 A	0.13	0.06	0.05	0.72	23.53	1	0.9
咖啡机 B	0.13	0.06	0.7	0.54	5.53	1	1.2
变速器	130	0.39	0.033	0	103	4.86	6

利用 Simpro 软件对 15 组产品进行生命周期评价，得到每组产品对应的人体健康、生态环境、资源消耗三类评价结果，并将其作为样本数据的输出参数，见表 4-12 所列。

表 4-12　15 组产品生命周期评价结果

评价结果	1	2	3	4	5	6	7	8	9	10	11	12	13	14	15
人体健康	22.7	108.0	25.4	139.0	24.4	217.0	267.0	414.0	73.8	118.0	170.0	34.9	1.0	1.2	84.8
生态环境	2.0	17.3	2.9	7.4	3.8	31.4	16.3	29.7	2.5	16.2	21.6	4.5	0.1	0.2	1.4
资源消耗	3.3	17.3	5.5	47.9	6.5	35.5	99.9	147.0	27.5	47.8	59.6	6.0	0.5	0.5	12.4

（2）神经网络设计及训练　应用经验公式并通过测试确定神经网络隐含层神经元数量为 12，运用 MATLAB 的神经网络工具箱建立并训练 BP 神经网络模型，训练结果如图 4-25 所示。BP 网络的训练次数为 4 时，误差已经达到了 0.0023864。经多次训练，达到网络输出与期望输出误差平方和为 10^{-7} 的精度要求，说明网络已经稳定。此时，实际值与预测值相对误差分别为：人体健康，0.009；环境污染，0.057；资源消耗，0.054。

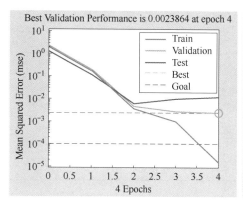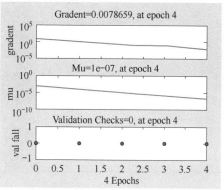

图 4-25　网络训练误差曲线

（3）敏感性分析　建立符合精度要求的神经网络后，分别提取该 BP 网络输入层和隐含层、隐含层和输出层各单元之间的连接权值，分别见表 4-13 和表 4-14 所列。由于在应用权值计算的 Tchaban 算法中，权值乘积取的是绝对值，因此连接权值的符号可正可负，故表中所取权值均为绝对值。

表 4-13　输入层和隐含层之间的连接权值

项目		隐含层神经元											
		1	2	3	4	5	6	7	8	9	10	11	12
输入层神经元	1	0.794	0.174	0.330	0.672	0.711	1.259	0.758	0.585	0.553	1.506	1.238	1.284
	2	0.450	1.044	1.040	0.325	1.362	0.709	1.425	0.871	0.074	0.290	1.094	0.101
	3	0.518	0.941	1.044	0.089	0.413	0.502	0.028	0.809	0.384	0.443	0.352	0.115
	4	1.131	0.910	0.329	1.331	0.043	0.800	1.214	0.744	0.207	0.960	0.197	1.252
	5	0.228	0.702	0.194	0.648	0.934	0.707	0.675	0.518	1.408	0.675	0.184	0.251
	6	0.587	0.801	1.012	0.744	0.602	0.333	0.070	1.027	0.316	0.360	0.314	1.008
	7	1.069	0.111	0.821	0.701	0.576	0.478	0.210	0.225	0.289	0.101	0.477	0.294

表 4-14　隐含层和输出层之间的连接权值

项　　目		输出层神经元		
		1	2	3
隐含层神经元	1	0.007	0.590	0.186
	2	0.373	0.329	0.311
	3	0.407	0.094	0.363
	4	0.292	1.163	0.291
	5	0.469	1.061	0.976
	6	0.003	0.355	0.264
	7	0.153	0.705	0.773
	8	0.698	0.327	0.097
	9	0.735	0.911	0.024
	10	0.073	0.208	0.846
	11	1.005	0.417	0.661
	12	0.512	0.695	0.634

确定神经网络的权值后，采用 Tchaban 算法对 BP 网络的输入参数进行敏感性分析，得到各绿色信息对 LCA 评价结果的敏感性系数，结果见表 4-15 所列。

表 4-15　敏感性分析结果

评价结果	钢材	铜	铝	橡胶	电能	水	粉尘
人体健康	0.46	0.30	0.06	0.00	0.38	0.09	0.11
生态环境	4.34	2.50	0.37	0.03	4.02	0.71	1.16
资源消耗	4.08	2.47	0.34	0.03	2.66	0.54	0.79
总体	8.88	5.27	0.77	0.06	7.06	1.34	2.06

从敏感性分析结果可知，该电动机中对生态环境影响较大的因素为钢材、电能和铜。从原材料角度分析，原材料大部分为钢材和铜，消耗了大量的矿石资源；从加工制造阶段的角度分析，钢材和铜两种材料的加工制造过程会产生大量的废弃物，对人体健康和生态环境造成污染。另外，目前中国的用电多为火电，加工制造过程中消耗了大量的电能，间接地造成了环境污染。根据敏感性分析的结果，可对评价结果影响较大的输入参数进行调整，从而使方案更优。

从零部件角度，将表 4-15 中的敏感性系数分别按照各零部件所占的比例进行计算，得到各零部件对人体健康、生态环境、资源消耗和总体影响的敏感性系数，见表 4-16 所列。

表 4-16 各零部件对影响类型的敏感性系数

项　　目	人体健康	生态环境	资源消耗	总　　体
机壳	0.27	2.65	2.28	5.20
定子	0.50	4.60	3.91	9.01
转子	0.36	3.33	2.89	6.59
端盖	0.03	0.30	0.23	0.56
密封圈	0.01	0.16	0.11	0.28
装配	0.02	0.23	0.15	0.41

由表 4-16 可知，对人体健康、生态环境、资源消耗和总体影响最大的零部件均为定子，其次是转子，再次是机壳。分析原因，定子、转子和机壳的原材料采集阶段消耗了大量的钢材、铜和铝三种材料，在三种材料的置备过程中，消耗了大量的能源和资源，同时产生了大量的固体垃圾、废液、废气等排放物；在制造阶段，各种加工工艺消耗了较多的电能、切削液等材料，并产生了一定的废弃物。根据敏感性分析结果，可以着重对定子、转子和机壳进行结构优化及轻量化，降低其材料用量，提高材料利用率，优化其加工工艺。

案例 2：基于宏—微特征的滚齿机低碳设计

在宏特征和微特征的基础上，建立方案设计阶段的碳足迹模型。它可以定量地评价产品生命周期的碳排放，为设计人员进行低碳设计提供决策支持。本案例应用基于宏—微特征的方法进行滚齿机的低碳设计。

▷▷1. 产品生命周期条件

为计算滚齿机的碳足迹，应考虑以下条件。

1) 原材料和能源的碳排放系数来源于联合国政府间气候变化专门委员会（Intergovernmental Panel on Climate Change，IPCC）和 GB/T 2589—2008。表 4-17 给出了本案例中的一些碳排放系数。

表 4-17 原材料和能源的碳排放系数

原　材　料	原材料的碳排放系数	能　　源	能源的碳排放系数
钢材	1.72kg CO_2e/kg	电	0.99kg CO_2e/kW·h
铝	1.80kg CO_2e/kg	天然气	2.09kg CO_2e/m³
铸铁	1.51kg CO_2e/kg	柴油	2.73kg CO_2e/L
铜	2.77kg CO_2e/kg	汽油	2.26kg CO_2e/L
混凝土	0.36kg CO_2e/kg	环氧树脂	3.94kg CO_2e/kg

2) 在制造阶段，每个制造工艺的设备都是固定的，每个设备的比能耗（Specific Energy Consumption，SEC）或嵌入式能源消耗（Embedded Energy Consumption，EEC）都可以通过实验确定，单位为 KJ/cm^3。案例中使用的部分设备

的比能耗见表4-18所列，其中MRR是指材料移除率（Material Remove Rate）。

表 4-18　铸造设备的比能耗

设 备 类 型	SEC
Colchester Tornado A50	1.494+2.191/MRR
IKEGAI AX20	2.093+4.415/MRR
Mori Seiki SL-15	2.378+2.273/MRR
Mori Seiki Dura Vertical 5100	2.830+1.344/MRR
DMU60P	2.411+5.863/MRR
Fadal VMC 4020	2.845+1.330/MRR
Nakamura TMC-15	3.730+2.349/MRR

3）原料供应商和机床制造公司的距离约为200km，滚齿机用户距机床制造公司约为2000km。本案例的运输工具为卡车，碳排放系数为0.188kg CO_2e /t·km。

4）滚齿机的使用寿命为10年。根据用户的实际需求，每年工作时间为300天，机器运行时间为12h/天。空载、待机、切削状态下的运行时间比为1:3:6。采用自动装卸装置，可使待机时间减少50%，干切削能使切削效率提高20%。滚齿机可根据用户的要求加工特定的产品，该产品的相关参数见表4-19所列。

表 4-19　机床加工产品的参数

部 件 名 称	轮 齿 数 量	模数/mm	轮齿宽度/mm	齿 轮 材 料
齿轮	30	2.5	20	45#钢

5）产品生命周期末端的回收是在理想条件下进行的，大约80%的零部件可以进行再制造，以满足新产品的功能。

2. 滚齿机的碳足迹分析

滚齿机原始设计方案的总体技术参数见表4-20所列。滚齿机有六种主要功能：结构支撑功能、主传动功能、进给功能、工件旋转功能、辅助功能、数控功能，主要功能见表4-21所列。六个功能模块用 $FN_1 \sim FN_6$ 表示，每个功能模块对应的组成部件用 CN_i 表示。

表 4-20　滚齿机原始设计方案的总体技术参数

参 数 类 型	参 数
工作台最大转速	300r/min
滚刀转速范围	600~3000r/min
外形尺寸（长×宽×高）	3010mm × 3200mm × 2900mm
最大加工直径	210mm

表 4-21 滚齿机的主要功能

功能序号	主要功能	描 述
FN$_1$	结构支撑功能	基本模块，为其他部件提供连接和支持
FN$_2$	主传动功能	为旋转滚刀提供动力
FN$_3$	进给功能	为轴向和径向进给运动提供动力
FN$_4$	工件旋转功能	固定和旋转工件
FN$_5$	辅助功能	保护、冷却、除尘等
FN$_6$	数字控制功能	编码程序控制机床

（1）原设计方案 原设计方案（方案 1）由设计人员确定：铸铁床身+切削液和润滑油+齿轮传动主轴+电动机直驱进给+手动上下料+发那科（FANUC）数控装置。通过功能—结构映射分析，得到方案 1 的主要功能和相应部件的详细信息，见表 4-22 所列。

表 4-22 原设计方案（方案 1）的主要功能和相应部件的详细信息

功 能	部 件	部件名称	功 能	部 件	部件名称
FN$_1$	CN$_1$	机床床身	FN$_3$	CN$_{16}$	连接块
	CN$_2$	立柱		CN$_{17}$	径向伺服电动机
FN$_2$	CN$_3$	滚刀轴	FN$_4$	CN$_{18}$	工作台壳
	CN$_4$	滑动底座		CN$_{19}$	工作台主轴
	CN$_5$	滚刀轴电动机		CN$_{20}$	工作台
	CN$_6$	滚刀架		CN$_{21}$	工作台主轴电动机
	CN$_7$	轴承座		CN$_{22}$	后立柱
	CN$_8$	传动箱 1		CN$_{23}$	滑块
	CN$_9$	传动箱 2		CN$_{24}$	轴承座
FN$_3$	CN$_{10}$	径向进给拖板		CN$_{25}$	滚珠螺杆
	CN$_{11}$	蜗轮	FN$_5$	CN$_{26}$	全封闭保护罩
	CN$_{12}$	蜗杆		CN$_{27}$	润滑装置
	CN$_{13}$	轴向进给滑板		CN$_{28}$	干燥装置
	CN$_{14}$	支撑座	FN$_6$	CN$_{29}$	发那科数控设备
	CN$_{15}$	轴向伺服电动机			

基于 FSF 模型，导出产品设计特征。表 4-23 所列的是方案 1 的运行状态特

征，其中，待机状态功率和空载状态功率为设计功率，在切削状态下，切削功率可以通过切削力和切削速度来估计。图 4-26 所示为方案 1 的关系特征。

表 4-23　方案 1 的运行状态特征

操作状态特征	描　　　述	功率/kW
待机状态特征	只开启基本的辅助设备，如计算机面板、冷却装置	4
空载状态特征	主传动系统和进给系统开始运转，刀具不接触工件	6
切削状态特征	刀具接触工件并去除材料	8

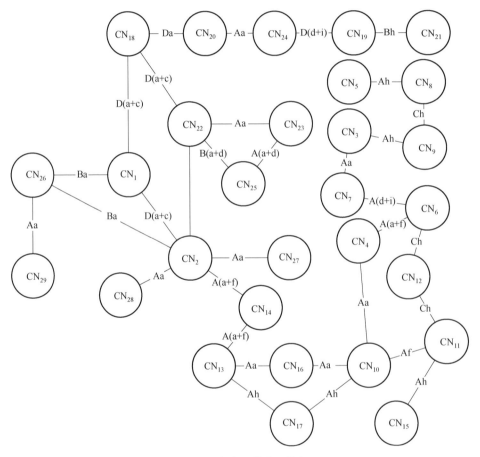

图 4-26　方案 1 的关系特征

这里以轴承座（CN_7）和工作台（CN_{20}）两个部件为例，微特征分别见表 4-24 和表 4-25 所列。其他部件的微特征也可用类似的方法表示。

表 4-24　轴承座（CN_7）的微特征

组件	材料特征		几何特征				表面处理特征
			形状特征		尺寸特征		
CN_7	类型	HT300	整体形状特征	圆柱+长方体	$2.1×10^6 mm^3$		退火
	质量	15kg	局部形状特征	平面	240mm×135mm		
	性能	铸造		平面×2	50mm×135mm		
	回收方式	再制造		孔	ϕ110mm×H135mm		
				孔	ϕ16mm×H25mm		
				孔×4	ϕ24mm×H35mm		
				孔	ϕ120mm×H55mm		

表 4-25　方案 1 工作台（CN_{20}）的微特征

组件	材料特征		几何特征			表面处理特征
			形状特征	尺寸特征		
CN_{17}	类型	40Cr	整体形状特征	圆柱	ϕ180mm×H50mm	退火
	质量	17.3kg	局部形状特征	孔×6	ϕ12mm×H20mm	
	性能	锻造		孔	ϕ75mm×H6mm	
	回收方式	再制造		孔	ϕ24mm×H40mm	
				面	ϕ180mm	

　　方案 1 的碳足迹分析结果见表 4-26 所列。其中，原材料获取阶段建立材料特征产生的碳排放量为 19451kg CO_2e，制造阶段建立几何特征、关系特征和表面处理特征产生的碳排放量分别为 7586kg CO_2e 、1812kg CO_2e 和 3099kg CO_2e，运输阶段转移材料特征引起的碳排放量为 4963kg CO_2e，使用阶段维持运行特征的碳排放为 235224kg CO_2e，回收处理阶段移除和恢复微特征所产生的碳排放量为-17368kg CO_2e，方案 1 的总碳足迹为 254767kg CO_2e。

表 4-26　方案 1 的碳足迹分析结果

生命周期阶段	特征活动	碳足迹	比例（%）
原材料获取阶段	建立材料特征	19451kg CO_2e	7.63
制造阶段	建立几何特征	7586kg CO_2e	2.98
	建立关系特征	1812kg CO_2e	0.71
	建立表面处理特征	3099kg CO_2e	1.22
运输阶段	转移材料特征	4963kg CO_2e	1.95

（续）

生命周期阶段	特 征 活 动	碳 足 迹	比例（%）
使用阶段	维持运行特征	235224kg CO_2e	92.33
回收处理阶段	移除和恢复微特征	−17368kg CO_2e	−6.82
总碳足迹		254767kg CO_2e	100

（2）方案1的优化分析　从表4-26的碳足迹结果可以看出，在这些操作活动中，在使用阶段维持运行特征的碳足迹占总碳足迹的比例最大（超过90%）。建立和转移材料特征对碳足迹的贡献也很大，占9.58%（7.63%+1.95%）。其他活动对总碳足迹的贡献很小。因此，需要在操作状态特征和材料特征上进行优化。

图4-27所示为不同运行特征的碳足迹分布。待机状态特征、空载状态特征和切削状态特征所占比例分别为18%、9%和73%。将切削状态特征和待机状态特征确定为高碳足迹的设计特征。

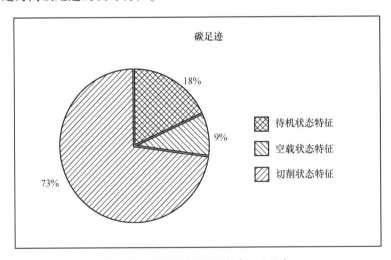

图4-27　不同运行特征的碳足迹分布

材料特征碳足迹分解如图4-28所示。由图可知，所有材料特征中，CN_1 的材料特征所占的碳足迹最大。因此，我们选择 CN_1 的材料特征作为另一个高碳足迹的设计特征。采用一些可行的优化措施对所选设计特征进行改进，见表4-27所列。

（3）改进的设计方案　基于以上优化措施形成改进的设计方案——方案2。方案2：矿物铸造床身+干切削+电主轴+电动机直驱进给+自动上下料+西门子数控装置。方案2通过功能—结构映射分析，得到相应的主要结构，主要功能及相应的组成部分见表4-28所列。

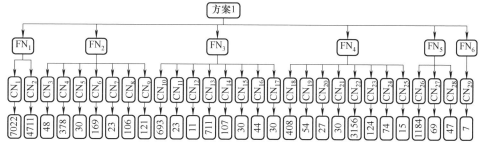

图 4-28 材料特征的碳足迹分解

表 4-27 碳足迹设计特点的优化措施

设 计 特 征	优 化 措 施
待机状态特征	自动式装卸装置
切削状态特征	干切削
CN_1 的材料特征	矿物铸造床身

表 4-28 方案 2 的主要功能及相应的组成部分

功 能	部 件	部 件 名 称	功 能	部 件	部 件 名 称
FN_1	CN_1	机床主体	FN_3	CN_{15}	径向伺服电动机
	CN_2	立柱		CN_{16}	工作台壳
FN_2	CN_3	滚刀轴		CN_{17}	工作台主轴
	CN_4	滑动底座		CN_{18}	工作台
	CN_5	滚刀轴电动机	FN_4	CN_{19}	工作台主轴电动机
	CN_6	滚刀架		CN_{20}	轴承座
	CN_7	轴承座		CN_{21}	滑块
FN_3	CN_8	径向进给拖板		CN_{22}	轴承座
	CN_9	蜗轮		CN_{23}	滚珠螺杆
	CN_{10}	蜗杆		CN_{24}	全封闭保护罩
	CN_{11}	轴向进料滑板	FN_5	CN_{25}	润滑装置
	CN_{12}	支持座		CN_{26}	干燥装置
	CN_{13}	轴向伺服电动机		CN_{27}	自动式装卸装置
	CN_{14}	连接块	FN_6	CN_{28}	西门子数控设备

方案 2 的宏特征如表 4-29 和图 4-29 所示，其中表 4-29 所示为运行状态特征，

图 4-29 所示为关系特征。同样，以轴承座（CN_7）和工作台（CN_{18}）为例，微特征分别见表 4-30 和表 4-31 所列。其他部件的微特征也可以用类似的方法表示。

表 4-29　方案 2 的运行状态特征

操作状态特征	描　　述	功率/kW
待机状态	只开启基本的辅助设备，如计算机面板、冷却装置	4.5
空载状态	主传动系统和进给系统开始运转，刀具不接触工件	6.2
切削状态	刀具接触工件并去除材料	9.5

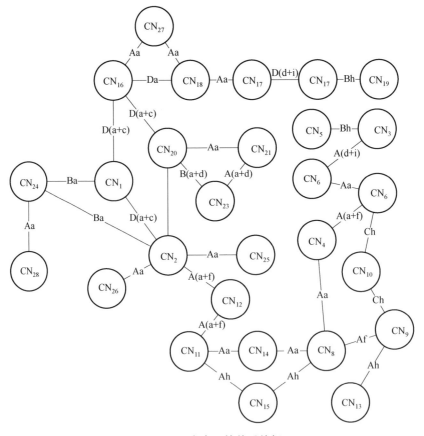

图 4-29　方案 2 的关系特征

见表 4-32 所列，原材料获取阶段建立材料特征时产生的碳排放量为 17228kg CO_2e；制造阶段建立几何特征、关系特征和表面处理特征产生的碳排放量分别为 6759kg CO_2e、1752kg CO_2e 和 2965kg CO_2e；运输阶段转移材料特征引起的碳排放为 4728kg CO_2e；使用阶段维持运行特征的碳排放量为 208672kg CO_2e；回收处理阶段移除和恢复微特征产生的碳排放量为-15256kg CO_2e，滚齿机的总碳足迹为226848kg CO_2e。

表 4-30　方案 2 中轴承座（CN_7）的微特征

组件	材料特征		几何特征			表面处理特征
			形状特征		尺寸特征	
CN_7	类型	HT300	整体形状特征	圆柱+长方体	2.1×10^6 mm³	退火
	质量	15kg	局部形状特征	平面	240mm×135mm	
	性能	铸造		平面×2	50mm×135mm	
	回收方式	再制造		孔	ϕ110mm×H135mm	
				孔	ϕ16mm×H25mm	
				孔×4	ϕ24mm×H35mm	
				孔	ϕ120mm×H55mm	

表 4-31　方案 2 工作台（CN_{18}）的微特征

组件	材料特征		几何特征			表面处理特征
			形状特征		尺寸特征	
CN_{17}	类型	40Cr	整体形状特征	圆柱	ϕ180mm×H50mm	退火
	质量	17.3kg	局部形状特征	孔×6	ϕ12mm×H20mm	
	性能	锻造		孔	ϕ75mm×H6mm	
	回收方式	再制造		孔	ϕ24mm×H40mm	
				面	ϕ180mm	

表 4-32　方案 2 的碳足迹

生命周期阶段	特征活动	碳足迹	比例（%）
原材料获取阶段	建立材料特征	17228kg CO_2e	7.59
制造阶段	建立几何特征	6759kg CO_2e	2.98
	建立关系特征	1752kg CO_2e	0.77
	建立表面处理特征	2965kg CO_2e	1.31
运输阶段	转移材料特征	4728kg CO_2e	2.08
使用阶段	维持运行特征	208672kg CO_2e	91.99
回收处理阶段	移除和恢复微特征	-15256kg CO_2e	-6.72
总碳足迹		226848kg CO_2e	100

▶ 3. 结果与讨论

方案 1 和方案 2 的总碳足迹对比如图 4-30 所示，方案 2 相对于方案 1 的碳足迹降低了 10.96%。对 100 台滚齿机来说，碳足迹将减少 2791.9t，可见，方案 2 中设计特征的优化调整可以有效降低产品生命周期的碳足迹。通过两种设计方案的对比，验证了提出模型的有效性。

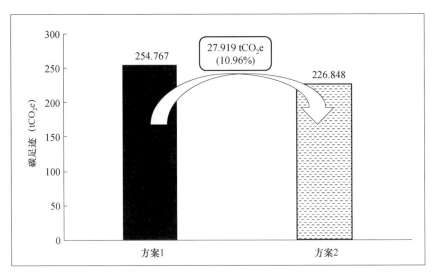

图 4-30　两种方案的总碳足迹对比

此外，优化前后的设计方案不同生命周期阶段的碳足迹分析结果如图 4-31 所示。其中，使用阶段的碳足迹占比最大，这是由于滚齿机长时间使用会消耗大量的能源；两种方案回收处理阶段的碳足迹分别为 -17.368 tCO$_2$e 和 -15.256 tCO$_2$e，可见，有效的回收方法可以显著降低产品潜在的碳足迹。

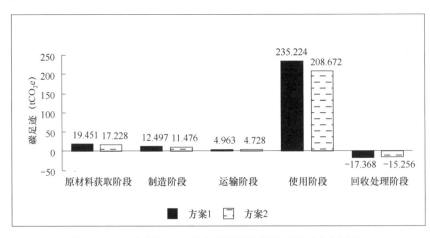

图 4-31　两种方案在不同生命周期阶段的碳足迹分析结果

两种方案在使用阶段的碳足迹对比如图 4-32 所示。方案 2 在使用阶段的碳足迹减少了 26. 54t CO_2e（11. 28%），其原因是待机状态特征和切削状态特征产生的碳排放有所减少。对待机状态特征和切削状态特征优化后，虽然方案 2 的总功率高于方案 1，但自动装卸装置和干切削能显著提高加工效率，减少待机时间，因此，适当调整操作状态特征可以为减少碳足迹带来潜在的好处。

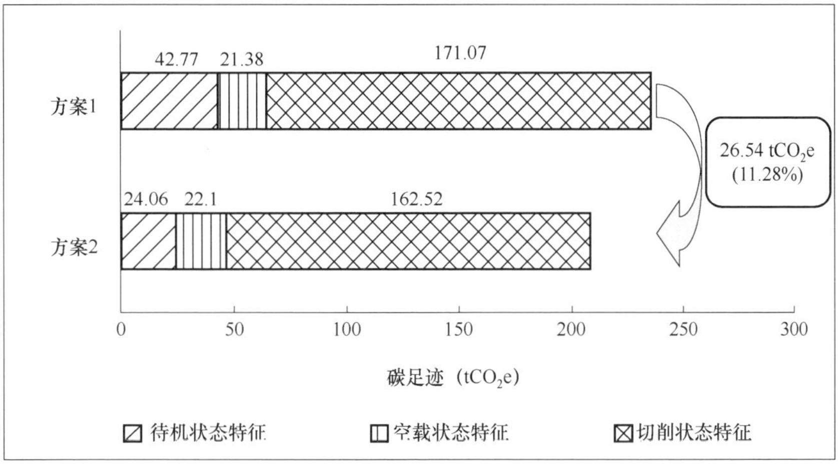

图 4-32　两种方案在使用阶段的碳足迹对比

相比于方案 1，方案 2 在原材料获取阶段和制造阶段的碳足迹减少了 3. 184t CO_2e（9. 97%）。如图 4-33 所示，原材料获取阶段的碳足迹减少量最大，这是因为采用了矿物铸造的床身，其原材料种类有所改变且材料需求量减少。制造阶

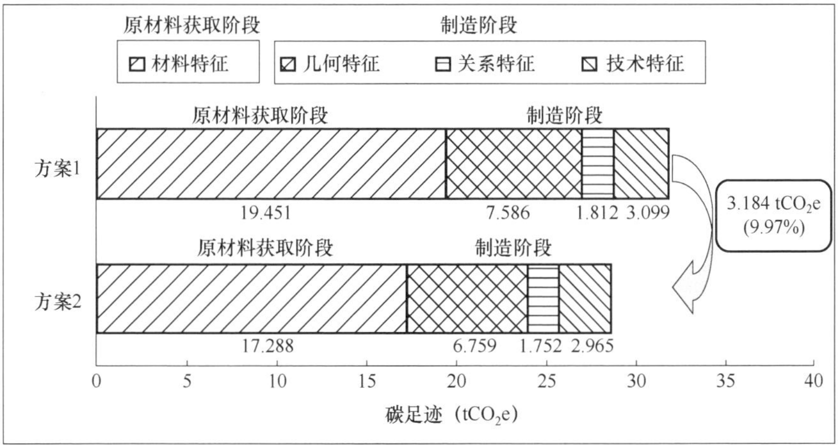

图 4-33　两种方案在原材料获取和制造阶段的碳足迹

段建立关系特征时产生的碳足迹最小，这是因为装配过程以人力为主，能耗较小。此外，在制造阶段几何特征的碳排放敏感度最高，故而优化零件的几何特征可以有效降低制造阶段的碳足迹。

基于宏—微特征的低碳设计对于在设计阶段降低产品全生命周期碳足迹具有重要意义。碳足迹模型可用于评价设计方案的碳足迹，进而识别出高碳足迹的设计特征，对这些设计特征进行适当改进，实现产品低碳设计。

案例3：基于绿色特征和质量功能配置的机床产品绿色性能优化

目前，环境质量功能配置（Quality Function Deployment for Environment, QFDE）的应用多集中于产品功能特征配置建模，基于绿色特征，可对产品生命周期中定性与定量的绿色特征进行量化分析。以用户对绿色产品的满意度为目标，通过环境质量功能配置，将绿色性需求分析映射到产品全生命周期绿色特征，建立以绿色性需求满意度最大为目标的优化模型。通过优化配置调整绿色特征改变量，在有限的企业资源下实现关键技术特征因素优化，达到了用户需求最大满意度，保证了产品的绿色性。

产品绿色性能优化可转换为一个多绿色特征值优化问题。基于生命周期理论、绿色特征和质量功能配置方法的研究，通过研究 QFDE 中的质量屋（House of Quality, HoQ）关系矩阵和自相关矩阵，建立用户需求与产品绿色设计特征之间的函数关系，以用户各项需求满意度为优化目标，以绿色特征为决策变量，结合设计过程中的时间和成本约束条件，完成对产品绿色设计方案的规划与决策。

▶ 1. 基于 QFDE 的绿色产品规划建模

QFDE 从设计需求出发，借助于 AHP、模糊评价、质量屋等方法，采用多层次演绎分析方式，能够将设计需求转换为生产、使用、报废处理等生命周期各阶段的技术特征要求。

基于 QFDE 的绿色产品规划建模由绿色需求分析、绿色质量屋建立与质量屋决策三个步骤组成，如图4-34所示。质量屋的建立是根据已确定的设计需求与绿色特征以及它们之间的相互关系确定的。

质量屋决策的目的是在设计需求的驱动下，以研发成本、时间以及绿色特征阈值和自相关关系为约束，通过优化当前绿色特征值，使产品满足用户基本功能需求的同时其绿色性得到最大提升，实现产品的绿色设计规划与决策。

（1）绿色需求分析 绿色产品除了满足产品全生命周期内各种用户的基本性能需求外，还应满足绿色性需求。一个完整的绿色设计过程应该包括产品需求与绿色性需求信息的获取、分析和评价等内容。

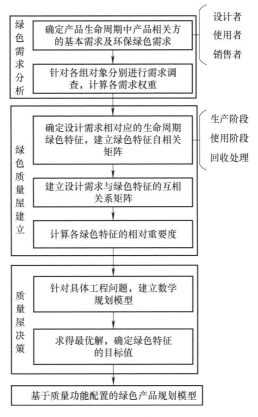

图 4-34　基于 QFDE 的绿色产品规划建模过程

　　用户绿色性需求是广义的，是产品全生命周期各阶段对产品功能、性能尤其是绿色性能的要求。产品需求不仅包括产品使用者的需求，还包括与产品有关的所有人员（如使用者、设计者、制造者、维护者、回收者等）的需求。绿色性需求通过对用户与产品销售人员的调查、国家环保法律法规、竞争者的产品特色和企业内部信息的调研来确定。

　　（2）绿色质量屋的建立　常规质量屋主要针对产品基本性能与质量进行配置规划，而绿色产品质量屋的建立则以功能要求为主线，以绿色需求为约束，力求产品综合性能达到最优。常规质量屋无法满足绿色产品规划设计要求，现对常规质量屋要素进行以下改进。

　　1）以功能需求与体现资源、能源、环境属性以及人员安全性的相关绿色需求作为常规质量规划中的设计需求，可避免用户需求冗余造成的设计过程烦琐等问题。

2）质量屋屋顶以全生命周期各阶段（材料选取、生产制造、使用维护、回收处理）相对应的体现资源环境的工程技术特征（即绿色特征）代替普通工程技术特性为改进目标，可简化绿色设计过程，节约制造资源。

3）集成设计需求与绿色特征后，建立和求解它们之间的相互关系矩阵，即通过专家经验与以往产品数据，建立设计需求与绿色特征或绿色特征改变量之间的函数关系，这是实现设计需求分配的关键。该函数关系的准确建立是实现绿色产品有效规划的前提依据。基于 HoQ 的设计需求传递与分配如图 4-35 所示。

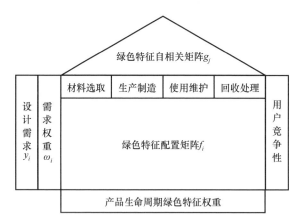

图 4-35　基于 HoQ 的设计需求传递与分配

绿色质量功能配置通过 HoQ 实现绿色需求传递与分配，在绿色性需求的驱动下，确定与其相对应的绿色特征，建立绿色性需求与绿色特征之间的互相关矩阵以及绿色特征之间的自相关矩阵，求出各绿色特征的相对重要度以及绝对重要度，为绿色产品规划求解提供支持。

实施多阶段 QFDE 的关键是获取用户需求并将用户需求分解到产品形成的各个过程，将用户需求转换成产品开发过程中具体的技术要求和质量控制要求。通过对这些技术和质量控制要求的实现来满足用户的需求。将用户需求一步一步地分解和配置到产品开发的各个过程中，需要采用 QFDE 瀑布式分解模型。针对具体的产品和实例，若没有固定的模式和分解模型，则可以根据不同的目的按照不同的路线、模式和分解模型进行分解和配置。下面介绍一种典型的 QFDE 瀑布式分解模型，如图 4-36 所示。按用户需求—技术措施—部件特征—工艺操作—生产要求的顺序逐层展开，其中，阶段一和阶段二允许用户识别产品具有重要环境意义的组件（组件和设备）。阶段三及阶段四的设计，可让使用者选择较环保的设计方案。

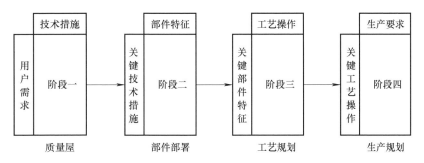

图 4-36　QFDE 瀑布式分解模型

（3）质量屋决策　质量屋决策的目的是在企业现有资源的约束下，将用户需求合理而有效地转换为设计过程技术特性，即以研发成本与时间为约束，通过优化当前工程技术特征值，在用户基本功能需求满足的同时，产品绿色性能也得到较大提升，这是一个复杂的多变量决策过程。通过建立数学模型进行优化，协调各设计元素间的矛盾，实现产品设计的合理规划。

用户满意度是产品绿色特征与设计需求共同作用得到的一项指标，采用设计需求与绿色特征加权和来表示。各绿色特征在数量级以及计量单位上不尽相同，使得各绿色特征间不具有综合性和可比性，无法直接进行综合分析与比较，因此计算前必须先对它们的原始数据进行归一化处理。采取重合度计算法对绿色特征值进行归一化处理，求得绿色产品绿色特征改变量，如式（4-20）所示。

$$\Delta x_j = \frac{x_j - x_j^0}{x_j^{\max} - x_j^{\min}} \tag{4-20}$$

式中，Δx_j 为产品第 j 个绿色特征相对改变量；x_j 为产品第 j 个绿色特征改进后的值；x_j^0 为产品第 j 个绿色特征初始值；Δx_j^0 为产品第 j 个绿色特征当前值；$x_j^{\max}$、$x_j^{\min}$ 分别为第 j 个绿色特征的最大值和最小值，可由该领域的专家或以往的经验数据来确定。

采用各绿色特征改变量与其对应的相对重要度的加权和来表示产品绿色满意度。其中，绿色特征相对重要度通过 AHP 获得。绿色产品的满意度模型如式（4-21）所示。

$$SS = \sum_{j=1}^{n} \omega_j \Delta x_j \tag{4-21}$$

式中，ω_j 为第 j 个绿色特征的绝对重要度。

▶▶ 2. 绿色性能优化模型建立

（1）目标函数　产品绿色设计以设计需求满意度最大为目标，而用户满意度是通过与设计需求相对应的绿色特征改变量的程度来体现的。因此，用户绿色满意度可理解为工程技术特征（即绿色特征）与设计需求综合比较的结果。综合上述情况，建立优化模型，如式（4-22）~式（4-26）所示。

$$\max V(y_1, y_2, \cdots, y_m) \tag{4-22}$$

$$\text{s. t. } y_1 = f_i(x_1, x_2, \cdots, x_n), \ i = 1, 2, \cdots, m \tag{4-23}$$

$$x_j = g_j(x_1, x_2, \cdots, x_{j-1}, x_j, x_{j+1}, \cdots, x_n), \ j = 1, 2, \cdots, n \tag{4-24}$$

$$L_j \leqslant x_j \leqslant M_j, \ j = 1, 2, \cdots, n \tag{4-25}$$

$$R_k(x_1, x_2, \cdots, x_n) \leqslant b_k \tag{4-26}$$

式中，V 为用户需求满意度函数，$V(y_1, y_2, \cdots, y_m)$ 是由 m 个用户需求满意度组成的多变量函数；$y_1, y_2, \cdots, y_m$ 为质量屋中的设计需求；$x_1, x_2, \cdots, x_n$ 为产品绿色特征（决策变量）；f_i 为设计需求与绿色特征之间的关联函数，体现在质量屋互相关矩阵中；g_j 为绿色特征之间的自相关函数关系，体现在质量屋的屋顶中；R_k 为绿色特征改变的资源约束函数；b_k 为常数；L_j 和 M_j 为绿色特征取值的上限和下限，其上限可以根据相关环保法律法规、行业标准以及专家经验来确定，下限由企业内部的自身技术条件与专家经验来确定。

假设绿色特征值的相对改变量 Δx_j 与用户需求满意度的改变量 $\Delta V_i(y_i)$ 呈线性关系，则 $\Delta V_i(y_i)$ 的表达如式（4-27）所示。

$$\Delta V_i(y_i) = \sum_{j=1}^{n} f_{ij} \Delta x_j \tag{4-27}$$

式中，f_{ij} 为绿色特征与第 i 个设计需求之间的相关系数。

由此，目标函数可表示为式（4-28）。

$$\max V(y_1, \cdots, y_m) = V_0(y_1, \cdots, y_m) + \Delta V(y_1, \cdots, y_m)$$
$$= V_0(y_1, \cdots, y_m) + \sum_{i=1}^{m} \omega_i \sum_{j=1}^{n} f_{ij} \Delta x_j \tag{4-28}$$

式中，$V_0(y_1, y_2, \cdots, y_m)$ 为当前绿色特征值对应的设计需求满意水平，是常量，在进行优化求解过程中不予考虑，故目标函数最终转换为式（4-29）。

$$\max z = \sum_{i=1}^{m} \omega_i \Delta V_i(y_i) = \sum_{i=1}^{m} \omega_i \sum_{j=1}^{n} f_{ij} \Delta x_j \tag{4-29}$$

式中，ω_i 为产品的第 i 项设计需求的相对重要度。

（2）时间约束　为了快速响应市场，产品的开发设计过程需要满足一定的时间约束，产品的设计是一个多环节且繁杂的过程，各绿色特征的变化可能会引起其他绿色特征的变动，需要实施并行设计（称为并行绿色特征），而另一些绿色特征则需要串行设计。故此处不考虑绿色特征改变量所引起的时间变化，仅考虑其改变所消耗的时间。基于上述分析，设计时间约束如式（4-30）

所示。

$$\max(t_{jk}z_j) + \sum_l t_{lp}z_l \leqslant TT \tag{4-30}$$

式中，$\max(t_{jk}z_j)$ 为 k 项并行绿色特征改变所消耗的最长时间；t_{lp} 为第 l 项绿色特征改变所消耗的时间；t_{jk} 为第 j 项并行绿色特征改变所消耗的时间；TT 为设计研发周期；z_j、z_l 为布尔变量。

需要说明的是，绿色特征的改善需对当前技术进行技术创新，所以 t_{lp} 和 t_{jk} 的确定应根据技术创新过程中各阶段所消耗的时间来计算，这些时间由研发时间、决策时间和设备试制时间等组成。模型数学表达如式（4-31）和式（4-32）所示。

$$t_{lp} = \sum_{i=1}^{n} T_{li} \tag{4-31}$$

$$t_{jk} = \max\left(\sum_{i=1}^{n} T_{ji}\right) \tag{4-32}$$

式中，$n=3$；T_{l1}、T_{j1} 为决策时间；T_{l2}、T_{j2} 为研发时间；T_{l3}、T_{j3} 为设备试制时间。

（3）成本约束　将企业进行此次产品设计规划的成本预算用 B 表示，绿色特征发生改变则研发费用也随之改变。当前绿色特征值设计研发所对应的成本为基础费用，考虑到定性与定量绿色特征间有所差异，成本约束如式（4-33）~式（4-36）所示。

$$\sum_{j=1}^{l} \sum_{k=1}^{J_j} z_{jk}c_{pjk} + \sum_{j=l+1}^{n} (d_j z_j + c_{pj}\Delta x_j) \leqslant B \tag{4-33}$$

$$\sum_{k=1}^{J_j} z_{jk} = 1 \tag{4-34}$$

$$z_j \in \{0,1\} j = 1, \cdots, l \tag{4-35}$$

$$z_{jk} \in \{0,1\} j = 1, \cdots, l \tag{4-36}$$

式中，d_j 为第 j 项绿色特征当前研发所需的基础费用；z_j、z_{jk} 为 0-1 布尔变量；l 为定性与定量特征总数；J_j 为定性绿色特征等级数量；c_{pj} 为第 j 项定量绿色特征单位改变所需成本；c_{pjk} 为第 j 项定性绿色特征的第 k 个等级所对应的成本。

同样，c_{pj}、c_{pjk} 的确定应根据技术创新过程中消耗的各项资源来计算，这些资源由人力资源、信息资源、材料和设备资源等组成。模型数学表达如式（4-37）所示。

$$c_{pj}, c_{pjk} = \sum_{i=1}^{n} M_{ji} \tag{4-37}$$

式中，$n=3$；M_{j1} 为决策成本；M_{j2} 为研发成本；M_{j3} 为设备试制成本。

M_{ji} 的计算如式 4-38 所示。

$$M_{ji} = f(x_{j1}, x_{j2}, \cdots, x_{jk}) \tag{4-38}$$

式中，x_{jk} 为折旧费用、职员成本、设备费与材料费等。

在成本、时间及企业技术条件的约束下，绿色特征值的改变是有限的。绿色特征的改进分为两种：效益型（越大越好）和成本型（越小越好）。设 x_j，x_j^0，x_j^{max}，x_j^{min} 分别为绿色特征改进后的值、当前值、最大值和最小值，则效益型、成本型的相对改变量如式（4-39）所示。

$$\Delta x_j = \left| \frac{x_j - x_j^0}{x_j^{max} - x_j^{min}} \right| \tag{4-39}$$

通过求解上述优化模型可得到各定性绿色特征目标值 $x_j^*(j=1,2,\cdots,l)$ 和各定量绿色特征目标值相对当前特征值的改进程度 Δx_j 的最优结果，定量绿色特征目标值如式（4-40）所示，最终得到满足用户需求的绿色产品配置优化模型的一组最优解。

$$x_j = x_j^0 + \Delta x_j(x_j^{max} - x_j^{min}) \tag{4-40}$$

3. 半自动普通滚齿机案例分析

以半自动普通滚齿机为例，说明基于设计需求的绿色产品的配置优化过程，验证优化模型的有效性和可行性。机床作为制造机器的工作母机，其普遍具有材料消耗大、能源消耗高和可靠性低等特点。因此，以需求为驱动，开展机床产品绿色设计决策优化研究，拟为机床绿色设计与制造提供理论支撑。

首先建立基于设计需求信息与绿色特征的产品绿色规划质量屋，在绿色规划质量屋中，通过对获取的需求信息进行分析处理得到八项设计需求：稳定性好、寿命长、低碳、节能、便于拆卸与装配、便于回收、减少不可再生资源消耗、减轻振动和降低噪声。绿色属性的绿色特征项为铸铁含量、整机重量、模块化程度、噪声、日常维护、振动性能、碳排放、能耗和材料回收性（$GF_1 \sim GF_9$），它们共同组成了产品设计方案，见表 4-33 所列。

表 4-33 设计方案

生命周期阶段	名称	编号	定性/定量	当前值	取值范围
生产制造	铸铁含量	GF_1	定量	86%	82%~90%
	整机重量	GF_2	定量	13873kg	12875~14625kg
	模块化程度	GF_3	定性	3 级	1~5 级

生命周期阶段	名　称	编　号	定性/定量	当　前　值	取值范围
使用维护	噪声	GF_4	定量	83dB	75~90.5dB
	日常维护	GF_5	定量	500h/a	200~750h/a
	振动性能	GF_6	定性	3 级	1~5 级
	碳排放	GF_7	定量	6.88g	6.76~7.04g
	能耗	GF_8	定量	422.7kJ	415.5~432.8kJ
废弃处理	材料回收性	GF_9	定性	4 级	1~5 级

其中，模块化程度（GF_3）、振动性能（GF_6）、材料回收性（GF_9）以等级（1~5 级，等级越高，程度越好）来衡量，是定性绿色特征，其余均为定量绿色特征。设计总时间约束为 6 个月，总成本约束为 7.8 万元。质量屋中的设计需求与相应绿色特征改善之间的互相关关系以数字式来表示，这有利于质量屋的建立。结合前面提出的优化模型，建立滚齿机床优化模型。滚齿机绿色质量功能配置如图 4-37 所示。

根据式（4-29）可得优化目标函数，如式（4-41）所示。

$$\max z = -0.1113\Delta x_1 + \cdots + 0.1160x_3 + \cdots + 0.0394x_9 \quad (4\text{-}41)$$

根据绿色特征值得到可行范围，各绿色特征改善需要满足的条件如式（4-42）和式（4-43）所示。

$$\begin{cases} -0.5z_1 \le \Delta x_1 \le 0.5z_1, \ -0.5z_2 \le \Delta x_2 \le 0.5z_2 \\ -0.5z_4 \le \Delta x_4 \le 0.5z_4, \ -0.5z_5 \le \Delta x_5 \le 0.5z_5 \\ -0.5z_7 \le \Delta x_7 \le 0.5z_7, \ -0.5z_8 \le \Delta x_8 \le 0.5z_8 \end{cases} \quad (4\text{-}42)$$

$$\begin{cases} \Delta x_1 = (x_1 - 0.86)/0.08, \Delta x_2 = (x_2 - 13873)/1750 \\ \Delta x_4 = (x_4 - 83)/15.5, \quad \Delta x_5 = (x_5 - 500)/550 \\ \Delta x_7 = (x_7 - 6.88)/0.28, \Delta x_8 = (x_8 - 422.7)/17.3 \end{cases} \quad (4\text{-}43)$$

各绿色特征之间有自相关关系，其改善程度需要满足一定的约束条件，如式（4-44）所示。

$$\Delta x_1 \le \Delta x_2, \Delta x_5 \le \Delta x_4, \Delta x_4 + \Delta x_5 \le 0, \Delta x_5 + \Delta x_7 \le 0, \Delta x_8 \le \Delta x_7 \quad (4\text{-}44)$$

定性绿色特征约束如式（4-45）~式（4-47）所示。

$$x_3 = 1 \times z_{31} + 2 \times z_{32} + 3 \times z_{33} + 4 \times z_{34} + 5 \times z_{35} \quad (4\text{-}45)$$

$$x_6 = 1 \times z_{61} + 2 \times z_{62} + 3 \times z_{63} + 4 \times z_{64} + 5 \times z_{65} \quad (4\text{-}46)$$

$$x_9 = 1 \times z_{91} + 2 \times z_{92} + 3 \times z_{93} + 4 \times z_{94} + 5 \times z_{95} \quad (4\text{-}47)$$

时间约束如式（4-48）所示。

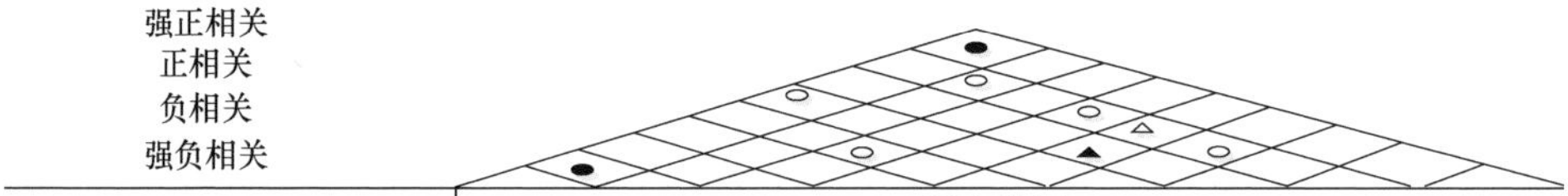

强正相关
正相关
负相关
强负相关

滚齿机绿色质量功能配置			GF（绿色特征）								
			生产制造			使用维护					废弃处理
目标层	指标层	指标权重	铸铁含量	整机重量	模块化程度	噪声	日常维护	振动性能	碳排放	能耗	材料回收性
安全可靠性能	稳定性好	0.30			0.15	-0.1	0.4	-0.15		-0.15	
	寿命长	0.0561	-0.05		0.2		0.4		-0.1	-0.05	
环保性能	低碳	0.1520	-0.15	-0.35		-0.1			-0.5	-0.4	
	节能	0.1696		-0.3	0.15	-0.5	0.15	-0.15	-0.3	-0.5	0.15
	便于拆卸与装配	0.0294		-0.05	0.5		0.05			-0.15	0.1
	便于回收	0.0690	-0.3	-0.2	0.15						0.4
	减少不可再生资源消耗	0.1315	-0.5			-0.1		-0.15	-0.2	-0.15	
	振动噪声低	0.0924		-0.1	0.1	-0.5	0.3	-0.5	-0.05	-0.4	
技术特征度量单位				kg	等级	dB	h/a	等级	kg	kJ	等级
技术特征当前值			86%	13873	3	83	500	3	6.88	422.7	4
技术特征最大值			90%	14625	5	90.5	750	5	7.04	432.8	5
技术特征最小值			82%	12875	1	75	200	1	6.76	415.5	1
技术特征绝对重要度			-0.1113	-0.1286	0.1160	-0.1892	0.1971	-0.1361	-0.1631	-0.2542	0.0394
技术特征相对重要度			0.1999	0.0227	0.0671	0.0989	0.0223	0.1877	0.1716	0.1797	0.0501

（左侧纵列：VOC（用户需求））

图4-37 滚齿机绿色质量功能配置

$$\max\{2z_1, 1.8z_2, 2.3z_3, 1.5z_4, 0.9z_5, 1.5z_7\} + 1.0z_6 + 1.2z_8 + 1.2z_9 \leqslant 6$$

$$(4\text{-}48)$$

成本约束如式（4-49）~式（4-52）所示。

$$C_3 = 1.2z_{31} + 1.4z_{32} + 1.7z_{33} + 1.8z_{34} + 1.9z_{35} \qquad (4\text{-}49)$$

$$C_6 = 2.4z_{61} + 1.8z_{62} + 1.5z_{63} + 1.2z_{64} + 0.8z_{65} \qquad (4\text{-}50)$$

$$C_9 = 0.5z_{91} + 0.7z_{92} + 1.1z_{93} + 1.3z_{94} + 1.6z_{95} \qquad (4\text{-}51)$$

$$0.88|\Delta x_1| + \cdots + 0.45|\Delta x_5| + \cdots + 0.85|\Delta x_8| + C_3 + C_6 + C_9 \leqslant 7.8$$

$$(4\text{-}52)$$

布尔约束如式（4-53）和式（4-54）所示。

$$z_{31} + z_{32} + z_{33} + z_{34} + z_{35} = 1 \qquad (4\text{-}53)$$

$$z_1, \cdots, z_3, z_5, \cdots, z_9, z_{31}, \cdots, z_{35} \in \{0,1\} \qquad (4\text{-}54)$$

优化模型中各绿色特征单位改善所需成本和时间的系数项由行业专家及设计团队依据式（4-31）、式（4-32）、式（4-37）计算所得，具体见表4-34和表4-35所列，优化改善结果见表4-36所列。

表4-34　定性绿色特征各等级对应的费用 （单位：万元）

定性绿色特征等级		1	2	3	4	5
对应费用	GF_3	1.2	1.4	1.7	1.8	1.9
	GF_6	2.4	1.8	1.5	1.2	0.8
	GF_9	0.5	0.7	1.1	1.3	1.6

表4-35　各绿色特征单位改善所需成本和时间的系数项

（时间单位：月；费用单位：万元）

绿色特征	GF_1	GF_2	GF_3	GF_4	GF_5	GF_6	GF_7	GF_8	GF_9
改变费用系数	0.88	0.45	—	0.75	0.45	—	0.60	0.85	—
改变所需时间系数	2	1.8	2.3	1.5	0.9	1.0	1.5	1.2	1.2

表4-36　绿色特征规划的优化改善结果

绿色特征	GF_1	GF_2	GF_3	GF_4	GF_5	GF_6	GF_7	GF_8	GF_9
GF 改变量	−0.28	0	0.25	−0.2	−0.38	0.25	−0.26	−0.3	0
布尔变量	1	0	1	1	1	1	1	1	0
GF 优化结果	83.8%	13873kg	4级	80dB	291h/a	4级	6.8kg	417.5kJ	4级

由配置优化改善结果可知，绿色特征 GF_1、GF_4、GF_5、GF_7 和 GF_8 应该降低，GF_3、GF_6 等级应该上升，而 GF_2 和 GF_9 保持不变。GF_2 和 GF_9 保持不变的原因是其基数比较大，而且改变对用户设计需求满意度的影响也不大。所以在要求成本与时间约束的情况下，可以对机床产品绿色特征 GF_1、$GF_3 \sim GF_8$ 进行不同程度的改善。比如采用矿物铸件材料替代铸铁应用于机床床身、立柱等大型典型部位，既减少了铸铁材料的消耗，也提高了机床整体的减振性。根据表4-36所示的优化后绿色特征目标值及图4-37所示的初始值可知，最终优化改善结果可使设计需求满意度提高。

4.3　绿色设计集成优化及决策方法

本章4.2节阐述了基于特征的全生命周期绿色设计方法，实现了产品全生命周期信息与设计结构、设计方案的关联与映射，为产品的全生命周期设计、优化与评价提供了支撑。本节将利用多目标、多学科设计等优化方法实现绿色设计理论的工程实践化，并进一步采用多属性决策方法获取理想绿色设计方案。最后以数控机床拆卸设计为例，介绍绿色设计集成优化及决策方法的具体运用。

4.3.1 绿色设计优化目标与约束

1. 概述

绿色设计在产品整个生命周期内着重考虑产品环境属性（如可拆卸性、可回收性、可维护性、可重复利用性等），并将其作为设计目标，在保证产品应有功能、使用寿命、质量等要求的同时，还要满足环境目标要求。绿色设计往往面临多个设计目标，如何在满足必要约束时统筹考量这些目标是亟待解决的问题。多目标优化问题（Multi-objective Optimization Problem，MOP）要在考虑不同约束的同时处理若干目标，这些目标并不是独立存在的，它们往往相互支配且具有不同的物理意义和量纲。目标之间的竞争性和复杂性使得对其优化变得困难。显然，绿色设计在一定程度上可归为 MOP 范畴，下面给出 MOP 的一般数学表达形式。

MOP：一般由 k 个目标函数和 $m+n$ 个约束条件组成，目标函数、约束条件与决策变量之间是函数关系，如式（4-55）所示。

$$\max(\min)\ y = \boldsymbol{f}(\boldsymbol{x}) = (f_1(\boldsymbol{x}), f_2(\boldsymbol{x}), \cdots, f_k(\boldsymbol{x}))$$
$$\text{s. t. } \boldsymbol{g}(\boldsymbol{x}) = (g_1(\boldsymbol{x}), g_2(\boldsymbol{x}), \cdots, g_m(\boldsymbol{x})) \leqslant 0 \qquad (4\text{-}55)$$
$$\boldsymbol{h}(\boldsymbol{x}) = (h_1(\boldsymbol{x}), h_2(\boldsymbol{x}), \cdots, h_n(\boldsymbol{x})) = 0$$

式中，$\boldsymbol{x} = (x_1, x_2, \cdots, x_d)$，为 d 维决策变量；$f_k(\boldsymbol{x})$ 为第 k 个设计子目标；$\boldsymbol{g}(\boldsymbol{x})$ 为 m 项不等式约束条件；$\boldsymbol{h}(\boldsymbol{x})$ 为 n 项等式约束条件，约束条件构成了可行域。

2. 绿色设计优化目标

从可持续性角度出发，绿色设计优化目标体系是常规性目标、资源性目标、能源性目标与环境性目标等设计目标的有机集成（如图 4-38 所示）。

1) 常规性目标。绿色设计产品首先应满足消费者所要求的功能、质量等基本产品设计目标，否则绿色设计是没有实际意义的。除此以外，还需要考虑产品的设计时间与设计成本等。产品功能目标指产品应具有的功能，包括性能指标、服役寿命和运行稳定性等。以鼓风机为例，在方案设计阶段需要考虑鼓风机额定功率、最高转速以及功率因数，它们的大小将直接影响鼓风机的设计性能。产品质量目标要求产品在设计时要选择合适的材料、合理的结构，从而达到理想的总体质量。设计时间目标包含两方面含义：一是产品开发周期；二是生产时间。产品开发周期是指从订单接收到各种设计、工艺文件资料准备完成所需的时间；生产时间是指产品制造到出厂交付所需的时间，它与加工设备生产率、工艺夹具先进性和操作人员技术熟练程度等有密切关系。设计成本目标面向产品整个生命周期，不仅要考虑与制造商的相关设计制造成本，还要考虑用户的持有成本（包括购买、使用、维修和维护成本），以及产品的运输成本和回收成本。

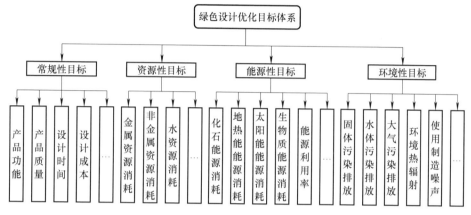

图 4-38　绿色设计优化目标体系

2）资源性目标。资源性目标考虑绿色设计在产品全生命周期各阶段所消耗的资源种类与数量，主要包括金属资源消耗、非金属资源消耗、水资源消耗等方面。金属资源消耗和非金属资源消耗主要指产品原材料获取阶段的原材料消耗、制造阶段的辅助材料消耗和使用阶段的维护材料消耗等。水资源消耗主要指制造阶段各工艺、工序中的消耗和产品使用阶段的消耗等。

3）能源性目标。能源性目标面向产品全生命周期各阶段的能源消耗。能源类型一般包括化石能源、地热能、太阳能、生物质能等。目前化石能源为我国的主要能源，主要包括煤、电、原油和天然气等。生命周期各阶段能源的消耗来源于制造阶段设备使用时电能或天然气的消耗、运输阶段的运输工具燃油或天然气的消耗以及使用阶段产品正常运行时供能系统对于电、天然气、燃油的消耗等。面对不同类型的能源消耗，还需要关注它们的能源利用效率。因此，在产品设计阶段应实现产品生命周期能源消耗量最小化、能源利用率最大化，同时从可持续性的角度出发，也应减少稀缺性、不可再生能源的消耗。

4）环境性目标。环境性目标主要关注对产品生命周期关键排放的控制，即通过合理的设计使产品不产生或尽可能少地产生污染物排放，以及产品生产、使用和回收处理等阶段对人员健康和安全影响的控制。一般而言，环境性目标包括固体污染排放、水体污染排放、大气污染排放、环境热辐射与使用制造噪声等。

需要指出的是，上述绿色设计优化目标体系是基于绿色设计中的共性问题而提出的一般化描述。在实际生产中，设计人员需根据具体产品的特点，从该绿色设计优化目标体系里凝练出更为详尽的设计目标，以便指导后续设计。

▶ 3. 绿色设计约束

绿色设计寻求设计目标最优的前提是产品设计方案需要满足若干约束。绿色设计的约束不仅来源于设计要求，也来源于环境科学、人体健康以及社会领域。绿色设计中的约束具体可分为功能约束、尺寸约束、重量约束、时间约束、成本约束、材料能源约束、排放约束和寿命约束等。

1）功能约束。绿色设计的约束之一是产品要满足自身的基本功能要求，对功能不健全的产品做绿色设计是没有意义的，比如螺栓的连接强度、卷扬机的扬程、发动机的输出功率等。

2）尺寸约束。在设计过程中，设计者有时需要对产品的外观尺寸加以限制，比如在电冰箱室外机的设计中，过大的尺寸虽然给零部件的安装带来了便利，但却浪费了资源，而且不利于整机的安装与运输。

3）重量约束。重量作为产品的固有属性，有时需要对其加以限制，比如汽车发动机和车身骨架、铁路机车转向架、固体火箭发动机壳体以及航天器机翼等。

4）时间约束。为了快速响应市场需求，产品的开发设计过程需要满足一定的时间约束，产品绿色设计是一个多环节且繁杂的设计过程，过长的开发时间会制约生产效率。

5）成本约束。产品的绿色设计规划伴随着研发成本的变化，企业基础研发预算往往有一定限制，过于苛刻的设计规划会提高研发成本，不利于产品的生产制造。

6）材料能源约束。产品是由各式各样的材料制造而来，使用过多种类和数量的材料不仅会带来资源的浪费，还会带来材料兼容性的问题。绿色设计需结合具体情况对材料的使用做具体限制。产品生产过程中需要消耗大量能源，因此需要对其种类和规模加以约束。

7）排放约束。产品在生命周期各阶段中的排放都可能对生态环境造成不利影响，如废气、废液、废物以及噪声。排放约束的对象主要是产品生产制造过程中产生的碳排放以及污染物排放量。没有约束的排放不仅会加剧环境的恶化，也不符合绿色设计的理念，更不符合相关法律法规的要求，因此排放约束是强制性约束。

8）寿命约束。产品在服役期限内不仅要在正常使用条件下满足设计要求，还要具备一定的可靠性。设计者需要对产品的服役期限（寿命）限定合适的范围，范围过高或过低都不利于产品的研发设计，这在轴承、丝杠和齿轮等产品的设计中尤为突出。

4.3.2　绿色设计多目标优化方法

绿色设计在一定程度上可视为 MOP，即在满足若干约束下实现设计目标的最优化。本节选取约束法、加权法、分层序列法、智能优化算法等多目标优化方法简单进行介绍。

1. 约束法

在绿色设计 MOP 中，从 k 个设计目标函数 $f_1(\boldsymbol{x})$，$f_2(\boldsymbol{x})$，$\cdots$，$f_k(\boldsymbol{x})$ 中，若能够确定一个主要目标，例如 $f_1(\boldsymbol{x})$，而对于其他的目标函数 $f_2(\boldsymbol{x})$，$\cdots$，$f_k(\boldsymbol{x})$ 只要求满足一定的条件即可，这样就可以把其他目标当作约束来处理，则绿色设计 MOP 可以转换为单目标优化问题，如式（4-56）所示。

$$\begin{cases} \max f_1(\boldsymbol{x}) \\ \text{s. t. } \mathrm{e}(x) = (\mathrm{e}_1(\boldsymbol{x}), \mathrm{e}_2(\boldsymbol{x}), \cdots, \mathrm{e}_m(\boldsymbol{x})) \leq 0 \\ a \leq f_i(\boldsymbol{x}) \leq b, i = 2, 3, \cdots, k \end{cases} \tag{4-56}$$

式中，$\mathrm{e}(\boldsymbol{x})$ 为 m 项约束条件。

这种方法的优点是把多目标优化问题通过约束调整手段转换为单目标优化问题，降低了模型复杂度和计算量。缺点是绿色设计优化目标众多，往往难以确定主要目标。

2. 加权法

加权法为每个目标函数分配权重并将其组合为单个目标函数，它的数学表达如式（4-57）所示。

$$\max z(\boldsymbol{x}) = \sum_{i=1}^{k} \omega_i f_i(\boldsymbol{x})$$
$$\text{s. t. } \boldsymbol{x} \in X_f \tag{4-57}$$

式中，ω_i 为第 i 个目标函数权重，且满足 $\sum_{i=1}^{k} \omega_i = 1$；$X_f$ 为决策变量的可行域。

和约束法一样，加权法通过赋权手段把多目标优化求解转换为单目标优化求解。通过改变权重求解上述优化问题能够得到一组解。这种方法的优点是如果权重取得足够均匀、离散，就可以得到几乎所有的 Pareto 最优解，但缺点是绿色设计优化目标之间的关系无法提前预知，可能会面临非凸性的均衡曲面上得不到所有 Pareto 最优解的问题。

▶ **3. 分层序列法**

分层序列法的核心思想是将绿色设计的 k 个目标函数按照重要性依次排序，不妨设 k 个目标函数已经排好次序：$f_1(x)$ 最重要，$f_2(x)$ 次之，$f_3(x)$ 再次之……最后一个目标函数为 $f_k(x)$。先求出最重要目标函数 $f_1(x)$ 的最优解，然后在保证前一目标最优解的前提下依次求出次重要目标函数 $f_2(x)$ 的最优解，一直求到最后一个目标函数 $f_k(x)$ 或者某一个目标函数再也找不到最优解。

这种方法的缺点是对目标函数排序敏感，前一个目标函数的求解结果会限制下一个目标函数的优化范围。

▶ **4. 智能优化算法**

绿色设计 MOP 由于包含多个离散变量和多个局部最优点，且往往不可微，因此采用经典优化算法（如共轭梯度法、牛顿法等）通常只能获取问题的局部最优解。智能优化算法，在全局搜索和通用性方面具有更强的适应性，是解决复杂优化问题的重要手段。绿色设计中常用的智能优化算法见表 4-37 所列。

表 4-37　绿色设计常用的智能优化算法

智能优化算法	应用实例	优化目标
非支配排序遗传算法（Non-dominated Sorting Genetic Algorithm II，NSGA-II）	喷墨打印机	拆卸回归函数、回收回归函数、材料环境回归函数
粒子群算法（Particle Swarm Optimization，PSO）	减速器	模块内部聚合度、模块之间耦合度、模块划分绿色度
免疫算法（Immune Algorithm，AI）	内燃机	主动回收性、内部聚合性、外部独立性
基因算法（Genetic Algorithm，GA）	电冰箱	物理性能、生命周期成本、生命周期环境影响
帝国竞争算法（Imperialist Competitive Algorithm，ICA）	混合电力系统	投资成本、CO_2 排放量、CO_2 排放治理成本
强度 Pareto 进化算法（Strength Pareto Evolutionary Algorithm，SPEA）	无齿曳引机	回收拆解效率、回收拆解收益、回收拆解环境影响

▷▷ 4.3.3 绿色设计多学科设计优化方法

▷▷ 1. 绿色设计多学科优化概述

常规产品设计方法往往只涉及单个学科性能的设计和优化，不能顾及多个学科之间的交叉和耦合作用，难以满足绿色设计的预期要求。绿色设计涉及材料、物理、化学、计算机、网络与通信、生命科学、管理、金融商务、人文与社会学、心理学等众多学科领域，每个学科领域由多个分系统（子系统）构成，每个分系统则由若干零部件构成。随着设计规模的逐渐提高、学科界限的逐渐模糊，用户对产品综合性能的要求也不断提高。考虑到各学科或各分系统之间的耦合，协调各学科之间的相互作用对指导和改进绿色设计就显得尤为重要。

多学科设计优化（Multidisciplinary Design Optimization，MDO）针对复杂系统（产品）设计的整个过程集成各学科（系统）的相关知识，应用有效的设计优化策略和分布式计算机网络系统来组织和管理产品的设计过程，通过充分利用各学科（系统）之间的相互作用所产生的协同效应，获得系统的整体最优解或工程满意解。MDO弥补了常规设计方法的固有缺陷，将设计过程系统化，从系统总体设计高度综合考虑各子系统的协同效应，充分利用各个学科发展的最新成果，通过并行计算和高精度分析模型缩短了设计周期，提高了设计结果的可信度，特别适合绿色设计这一复杂的典型多学科设计优化问题。

MDO能较好地反映学科之间的协同机制，通常将复杂工程项目系统的设计问题分解为两个层次：系统级问题和子系统级问题。在整个系统的设计优化过程中，每个子系统都利用本学科的优化方法独立完成自身的设计优化，不必考虑其他子系统的设计结果对本系统的影响，而子系统之间的不相容性和不一致性由顶层系统级进行协调，如图4-39所示。

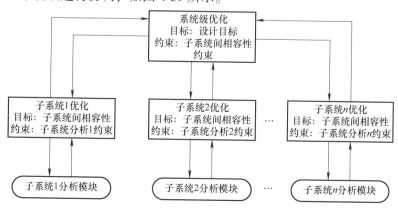

图4-39　多学科设计优化方法

▶ 2. 绿色设计多学科优化流程

绿色设计多学科优化流程因具体设计对象和目的的不同而有所差异。轻量化设计是绿色设计的重要组成部分，与节能、环保和资源等密切相关，其主要的应用领域有车辆（如车轮、悬架和车门），飞行器（如机翼、机载天线罩和发动机舱盖）和机床（如立柱、主轴和整机）等。下面以轻量化设计为例，介绍MDO方法在绿色设计中的具体实施步骤，其流程图如图 4-40 所示。

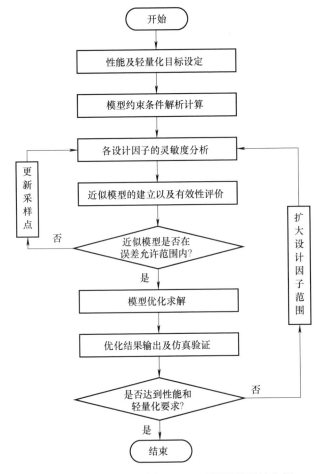

图 4-40 MDO 方法流程图——以轻量化设计为例

步骤 1：性能及轻量化目标设定。根据市场调研结果来确定各项结构性能指标。轻量化目标可以是质量，也可以是减重目标。对于白车身设计，可以选用白车身轻量化系数作为轻量化目标。

步骤 2：模型约束条件解析计算。具体包括有限元模型的建立和有限元模型准确性验证，即通过 Hypermesh/Ansa 等预处理软件建立刚度有限元模型和碰撞有限元模型，通过 NASTRAN/Ls-Dyna/Abaqus 等有限元求解软件实现性能仿真分析，进而与实验结果对标验证所述有限元模型的准确性，调整所述有限元模型直至误差小于预设百分比，完成初始设计方案的性能评估。

步骤3：各设计因子的灵敏度分析。具体包括设计因子和因子水平的选取、多目标优化设计模型采样、各采样点约束条件计算、加权相对灵敏度计算、筛选重要的设计因子和水平，以及针对筛选因子和水平重新进行实验设计（Design of Experiment，DOE）采样。

步骤4：近似模型的建立以及有效性评价。为了用简单的数学模型来替代工程设计中复杂的、具有大量自由度的计算机仿真模型进行分析与计算，采用近似模型，如响应面模型（Response Surface Methodology，RSM）、正交多项式模型、Kriging 模型及径向基/椭圆基神经网络模型等，对离散数据进行拟合或插值，并拟合所述目标和所述约束与所述设计因子之间的函数关系，然后采用残差平方和对所述近似模型的有效性进行验证。如果有效性无法保证，则增加 DOE 分析采样点或者修改所述近似模型。

步骤5：模型优化求解。利用机器学习方法对步骤4中验证有效的近似模型求解其 Pareto 解。

步骤6：优化结果输出及仿真验证。结合工程经验以及步骤5所述机器学习方法获得的最优解得到最优设计方案，再调用步骤2中所建的有限元仿真分析模型，对优化方案进行验证。若达到性能和轻量化要求等约束条件和目标条件则优化流程结束，若不满足则需重新进行优化。

3. 多学科设计优化常用软件

MDO 方法的实施需要依托稳定、可靠的集成软件。比较著名的 MDO 软件有 Isight、Optimus、ModelCenter 和 HEEDS MDO，下面将对它们做简要介绍。

Isight 是国际上最先进的基于参数的 MDO 软件。它将过程集成、设计优化和稳健性设计有机结合，是美国 Engineous Software 公司的旗舰产品。Isight 提供专用的多学科设计优化语言 MDoL 来描述 MDO 问题，在其特有的 MDoL 支持下，接收用户界面输入，通过相应的过程集成服务、问题描述服务、可视化和数据分析服务、后处理服务以及数据库服务，借助系统通信层协议，与仿真引擎、设计学习引擎、规则引擎、应用程序接口以及第三方软件工具进行通信，形成一个整体的、可配置的软件平台，用于工程系统的优化设计和综合系统分析。Isight 软件的参数界面提供了类似电子表格形式的操作风格，方便用户快速定义设计变量、目标、约束和初始值。

Optimus 是比利时 LMS International 公司开发的过程集成与多学科设计优化平台。它可以与任何类型的仿真软件联合实用，比如 Nastran、MATLAB 和 Fluent 等，涉及应力分析、碰撞分析、流体动力、声光电磁等领域。Optimus 采用梯度法可以比较快速地得到优化点，采用最新的总体优化方法可以进行响应表面中存在多个峰谷时的最优点计算。Optimus 可以将整个优化过程自动化，监视整个进程并在必要时中止某个任务。

ModelCenter 是由美国 Phoenix Integration 公司开发的基于 Windows NT 操作系统的 MDO 框架。ModelCenter 具有很友好的用户界面，很容易集成现有的遗留程序，实现分布式计算也很方便。ModelCenter 通过采用数据流技术提供了良好的数据管理和设计过程可视化功能，提供了几种代理模型生成方法和优化算法，对几种流行的 CAD 软件提供接口，例如对 Pro-E 和 CATIA 软件提供接口。ModelCente 的主要缺陷是目前还不能实现并行计算，功能代理模型生成方法和优化算法还不够丰富。

HEEDS MDO 是德国西门子公司开发的一款专业的多学科设计优化系列软件。它能够针对结构问题、流体问题、热力学问题、声学问题、动力学问题等寻找一个最佳的解决方案。HEEDS MDO 专注设计而非工具本身，通过分析流程自动化、最大化利用计算资源、高效地探索解决方案并对性能进行评估来加速设计探索。无论是改进简单部件还是进行复杂多学科系统设计，HEEDS MDO 都可以找到符合要求的设计配置。无论参数和约束的复杂度与数量如何，HEEDS 均可使用现有模型简化设计探索，并在规定时限内找到最佳解决方案。

▶▶▶ 4. 多学科设计优化案例

汽车的设计过程往往涉及结构强度、疲劳耐久和碰撞安全性能等多个学科。副车架作为 SUV 底盘中特别重要的承载部件，与车身系统和悬架系统相连，在工作过程中将承受各种不同载荷的作用。下面以 SUV 后副车架轻量化设计为例，详细介绍 MDO 的应用流程。其中，在对后副车架轻量化设计时考虑了车架模态、动力学、结构强度等学科。

(1) 后副车架模态分析　后副车架模态分析分为有限元模型建立与模态分析两个步骤。

1) 有限元模型建立。后副车架主要由前横梁、后横梁（前板和后板）、左纵梁、右纵梁、上控制臂支座、前下控制臂支座和稳定杆支座等组成。将其导入 HYPERMESH 软件中，抽取各个零部件的中性面，并对各个零部件进行网格划分，以此建立后副车架有限元分析模型。前横梁和左右纵梁的材料为 QSTE380TM，其屈服强度为 380MPa。控制臂支座和稳定杆支座的材料为

QSTE420TM，其屈服强度420MPa。后横梁的材料为QSTE500TM，其屈服强度为500MPa。

2）模态分析。由于低阶模态频率对后副车架的振动特性影响较大，高阶频率对其影响较小，与此同时前六阶模态频率皆为其刚体模态，因此只计算后副车架前八阶固有频率及其阵型。基于后副车架有限元模型同时释放与车身安装点的所有自由度，对其进行自由模态分析，提取除其刚体模态之外的前两阶模态频率。如果后副车架的低阶频率与发动机的激振频率相近，则可能会引起共振，造成后副车架产生疲劳风险，从而影响整车的平顺性和安全性，因此后副车架应当尽量避开发动机的激振频率。发动机的激振频率计算公式如式（4-58）所示。

$$f = \frac{2z\omega}{60\tau} \tag{4-58}$$

式中，z 为发动机缸数；ω 为发动机转速；τ 为发动机冲程数。

后副车架的前两阶频率均高于其发动机的激振频率，能够有效地避免其发生共振，满足模态性能要求。

（2）后副车架模态实验　为了验证后副车架有限元模型及模态分析结果的准确度，对后副车架进行模态实验。在后副车架上均匀布置16个传感器测量点，采用弹性绳将后副车架水平悬挂于实验台，基于力锤敲击方法和多点激励多点响应方法对其进行模态实验。通过测试值和仿真值的比较，验证后副车架有限元模型及其模态分析是否具有较高的准确度。

（3）后副车架极限强度分析　汽车在正常行驶过程中，后副车架的受力状态比较复杂，其典型极限工况主要分为加速（1.0g）、转弯（1.0g）、垂跳（3.0g）。该SUV在满载状态下的前轴载荷为1200kg、后轴载荷为1400kg、质心高度为0.67m、轴距为2.8mm、轮距为1.6m。接下来分别计算SUV在不同工况下轮胎所受到的垂向作用力和纵向作用力。

加速工况下，车轮在纵向和垂向均受到地面的反作用力，如式（4-59）和式（4-60）所示。

$$F_{ZR} = \frac{1}{2} M_R g + (M_F + M_R) a_1 \frac{H}{2L} \tag{4-59}$$

$$F_{XR} = F_{ZR} \mu \tag{4-60}$$

式中，F_{ZR} 为轮胎垂向作用力；F_{XR} 为轮胎纵向作用力；M_F 为前轴荷；M_R 为后轴荷；g 为重力加速度；H 为质心高度；L 为轴距；a_1 为纵向加速度；μ 为地面附着系数。

转弯工况下，车轮在横向和垂向均受到地面的反作用力，如式（4-61）和式（4-62）所示。

$$F_{ZR} = \frac{1}{2}M_R g + M_R a_2 \frac{H}{2B} \tag{4-61}$$

$$F_{YR} = F_{ZR}\mu \tag{4-62}$$

式中，F_{YR} 为轮胎横向作用力；B 为轮距；a_2 为横向加速度。

垂跳工况下，车轮仅在垂向受到地面的反作用力，如式（4-63）所示。

$$F_{ZR} = \frac{1}{2}M_R g + 3M_R a_3 \tag{4-63}$$

式中，F_{ZR} 为轮胎垂向作用力；a_3 为垂向加速度。

将后副车架有限元模型进行模态计算生成柔性体文件，基于 ADAMS/Car 软件中的悬架模块设置各个硬点参数、弹簧刚度、减振器阻尼曲线、衬套刚度曲线以及后轴荷等参数，以此建立后悬架多体动力学模型。基于三种典型极限工况的受力分析，分别在后悬架多体动力学模型中的轮胎接地点施加相应的作用力，以此进行静载分析，得到三种工况下后副车架各个外连点（与上控制臂、前下控制臂、后下控制臂和稳定杆的连接安装点）的载荷。为了更加精确地对后副车架进行强度分析，基于后副车架有限元模型同时截取部分车身模型，将其与后副车架通过 RBE2+CBEAM+RBE2 连接，约束车身 XYZ 的平动自由度和转动自由度，在后副车架的各个外连点加载相应的载荷，对其进行极限强度分析。

（4）数学模型　将后副车架的前横梁厚度 a、后横梁前板厚度 b、后横梁后板厚度 c、左右纵梁厚度 d、上控制臂支座厚度 e、前下控制臂支座厚度 f 和稳定杆支座厚度 g 作为设计变量，将后副车架的重量 Mass 最小化并作为目标函数。同时为了保证其疲劳强度性能，将强度安全系数设定为 1.2，将加速工况下的最大应力 Stress_1、转弯工况下的最大应力 Stress_2、垂跳工况下的最大应力 Stress_3、第一阶模态频率 Mode_1、第二阶模态频率 Mode_2 作为目标函数与约束，以此建立优化数学模型，如式（4-64）~式（4-66）所示。

$$\min \begin{cases} \text{Mass}(a,\ b,\ c,\ d,\ e,\ f,\ h) \\ \text{Stress}_1(a,\ b,\ c,\ d,\ e,\ f,\ h) \\ \text{Stress}_2(a,\ b,\ c,\ d,\ e,\ f,\ h) \\ \text{Stress}_3(a,\ b,\ c,\ d,\ e,\ f,\ h) \end{cases} \tag{4-64}$$

$$\max \begin{cases} \text{Mode}_1(a,\ b,\ c,\ d,\ e,\ f,\ h) \\ \text{Mode}_2(a,\ b,\ c,\ d,\ e,\ f,\ h) \end{cases} \tag{4-65}$$

$$\text{s. t.} \begin{cases} 2.0 \leqslant a \leqslant 4.0 \\ 1.5 \leqslant b \leqslant 3.5 \\ 1.5 \leqslant c \leqslant 3.5 \\ 2.0 \leqslant d \leqslant 4.0 \\ 2.5 \leqslant e, f, h \leqslant 4.5 \\ \text{Stress}_1, \text{ Stress}_2 \leqslant 317 \\ \text{Stress}_3 \leqslant 417 \\ \text{Mode}_1 \geqslant 100 \\ \text{Mode}_2 \geqslant 160 \end{cases} \qquad (4\text{-}66)$$

（5）优化平台 在 MDO 软件平台 Isight 的 Acceleration 组件中导入加速工况下的强度分析及其求解命令流，在 Bump 组件中导入垂跳工况下的强度分析及其求解命令流，在 Cornering 组件中导入转弯工况下的强度分析及其求解命令流，在 Mode 组件中导入自由模态分析及其求解命令流，并且对各个设计变量进行解析并作为输入参数，如图 4-41 所示。该轻量化问题属于多学科多目标优化范畴，优化目标间可能存在冲突，需要对其进行权衡和折中。多目标梯度探索算法是由遗传算法和梯度算法两部分构成的全局优化策略。将后副车架重量最小化、三种典型极限工况下的最大应力最小化及其前两阶模态频率最大化作为目标函数，并且根据优化数学模型设置约束条件和变量的范围，运用多目标梯度探索算法对其进行优化分析。优化前后的各个设计变量参数见表 4-38 所列。

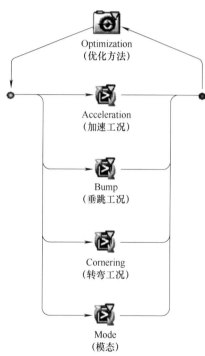

图 4-41 Isight 集成优化平台

表 4-38 优化前后的各个设计变量参数 （单位：mm）

编 号	优 化 之 前	优 化 之 后
a	3.0	2.8
b	2.5	2.3
c	2.5	2.3

（续）

编　号	优化之前	优化之后
d	3.0	2.8
e	3.5	3.0
f	3.5	3.0
h	3.5	3.0

（6）整车道路实验验证　为了验证后副车架轻量化方案的可行性，根据最优参数将轻量化方案实际工程化，并且将其安装在整车上。优化之后该后副车架的质量为 13.6kg，成功减重了 2.6kg，轻量化效果明显。在某实验场内根据整车道路实验规范，以相应的速度和里程数通过不同路面，发现该后副车架未出现开裂和共振现象，可见该轻量化方案成功通过了整车可靠性道路实验验证，说明整个分析方法及其轻量化设计具有较高的可靠度和实用性。

4.3.4　绿色设计多属性决策

1. 绿色设计多属性决策概述

经过多目标优化方法处理后，设计者会得到若干绿色设计方案以供备选，这些设计方案在相同的评价指标下往往具有不同的属性值。如何选出最优方案或者进行方案优劣排序是亟须解决的问题，其本质上属于多属性决策（Multiple Attribute Decision Making，MADM）范畴。

MADM 可表述为：给定一组备选方案，对于每个方案，都需要从若干个评价指标（每个指标下有不同的属性值）去对其进行评价，目的是要从这一组备选方案中找到一个使决策者最满意的方案，或者对这一组方案进行排序，且排序结果能够反映决策者意图。其数学模型可描述为：设在一个 MADM 问题中，备选方案集合为 $G = \{g_1, g_2, \cdots, g_m\}$，考虑的评价指标集合为 $U = \{u_1, u_2, \cdots, u_n\}$，则 MADM 问题的初始决策矩阵可如式（4-67）所示。

$$X = \begin{bmatrix} x_{11} & x_{12} & \cdots & x_{1n} \\ x_{21} & x_{22} & \cdots & x_{2n} \\ \vdots & \vdots & & \vdots \\ x_{m1} & x_{m2} & \cdots & x_{mn} \end{bmatrix} \tag{4-67}$$

式中，x_{mn} 为第 m 个方案的第 n 个指标的初始决策属性值。该属性值可以是确定值，也可以是模糊值，既可以是定量的，也可以是定性的。

▶▶ 2. 绿色设计多属性决策流程

绿色设计 MADM 流程包括绿色设计评价指标体系构建、评价信息表达与预处理、指标属性权重确定及具体决策方法运用四部分。

（1）绿色设计评价指标体系构建　绿色设计评价指标体系选取必须遵循科学性与实用性、独立性与系统性、完整性与可操作性等的要求；应能全面反映被评价问题的主要方面，包括环境属性、资源属性、能源属性以及经济属性四个方面；所选指标的含义应明确，不存在二义性，以保证具有可操作性；评价指标要成体系，具有层次性，以便于进行聚类分析。

1）环境属性指标是反映绿色设计产品不同于一般产品的重要特征之一。环境属性指标主要面向产品生命周期内所引起的有关环境问题。对大多数产品来讲，主要是指由各种污染排放物对环境所造成的污染，具体可分为大气污染、水体污染、固体废物污染和噪声污染等。大气污染指标一般用污染物的浓度值（mg/m^3）作为评价参数，即将实际排放浓度值与评价标准的浓度值进行比较，以评价产品对大气环境的影响。水体污染指标依据评价目标的不同及工业生产对水体的影响，可选用不同的参数来评价水体污染程度。固体废物污染指标主要包括有机污染物、无机污染物和大气沉降物等。关于噪声污染指标，现在大部分国家都采用等效连续 A 声级来衡量噪声的强弱。

2）资源属性指标中的资源是广义上的资源，它包括产品生命周期中使用的材料资源、设备资源和人力资源，其中最重要的是材料资源。在绿色设计评价中，材料资源指标用材料利用率、材料种类数量、材料回收利用率或有毒有害材料使用比例等来表示。设备资源指标用于衡量绿色设计生产组织的合理性，包括设备利用率和设备资源的优化配置等。人力资源指标反映了企业的技术人员、生产操作人员对绿色知识的掌握情况。

3）能源属性指标反映了绿色设计产品的另一大特性，即使用的能源特征。绿色产品在设计中要尽量使用清洁能源和再生能源，同时采用合理的生产工艺提高能源利用率。产品的能源属性指标主要包含能源类型（如水力能、太阳能、沼气能等）、再生能源使用比例、能源利用率、使用能耗和回收处理能耗等。

4）经济属性指标与传统的成本评价指标有着明显的不同。经济属性指标主要包括设计成本、制造成本、储运成本、服务成本、使用成本、回收成本、处置成本和污染治理成本等。

环境属性指标、资源属性指标、能源属性指标和经济属性指标可分为效益型属性指标和成本型属性指标。效益型属性指标也称正属性指标，是指属性值越大隶属度越大的属性指标，也就是说属性值越大越好；成本型属性指标也称负属性指标，是指属性值越小隶属度越大的属性指标，也就是说属性值越小越好。

一般而言，环境属性指标属于成本型属性指标；部分资源属性指标属于效益型属性指标，部分资源属性指标属于成本型属性指标；能源属性指标属于效益型属性指标；经济属性指标属于成本型属性指标。

（2）评价信息表达与预处理　各备选方案在"绿色设计评价指标体系构建"的属性指标下，可以获得相应的属性值。属性值可以分为实数型（如25s、13kg、0.48W、120dB、2000mm）、区间型（如0～5，10%～13%，36～55）和语言型（如很好、好、一般、差、很差）。

各属性值均有不同的量纲，它们之间无法进行比较。将不同量纲的属性值信息通过适当的变化，转换为无量纲的标准化信息，称为决策信息的标准化，又称为数据预处理。对于实数型和区间型属性值信息，可以选用向量归一化法、线性比例变化法、极差变换法等；对于语言型属性值信息，可以选用三角模糊法、直觉模糊法、二元语义法等。

（3）指标属性权重确定　指标权重的赋予对决策结果有着重要影响，常用的赋权方法有层次分析法（AHP）、熵权法和离差最大化法。

1）AHP是系统工程中经常使用的一种评价与决策方法。它特别适用于处理那些多目标、多层次的复杂大系统问题和难于完全用定量方法来分析与决策的社会系统工程的复杂问题。它可以将人们的主观判断用数字形式来表达和处理，是一种定性和定量相结合的分析方法。AHP主要分为四个步骤：①建立问题的递阶层次结构；②构造两两比较判断矩阵；③由判断矩阵计算被比较元素的相对权重；④计算各层元素组合权重，并进行一致性检验。本节所构建的绿色设计评价指标体系（如图4-38所示）层次分明，适合用AHP求解指标权重。

2）熵权法是一种基于信息熵的客观赋权方法。熵权法在具体使用过程中，将根据各属性指标的变异程度，利用信息熵计算出各指标的熵权，再通过熵权对各指标的权重进行修正，从而得出较为客观的指标权重。当各备选设计方案在某一指标上的值完全相同时，该指标的熵达到最大值1，其对应熵权为0。这说明该指标未能向决策者提供有用的信息，即在该指标下，所有的备选方案对决策者来说是无差异的，可考虑去掉该指标。熵权法主要分为如下三个步骤：①计算每个指标下备选方案的属性值比重；②计算每个指标的熵值；③计算每个指标的熵权。

3）由于客观事物的不确定性和人类思维的模糊性，专家们往往很难给出明确的指标权重值。因此，通过属性值自身所体现出的特点来决定指标权重的比例是客观的和合乎逻辑的，基于离差最大化的指标赋权方法则具备这样的优点。它的基本思想是，当方案在某个指标下的属性值差异越小，则说明该指标对方案决策与排序所起的作用越小；反之，若某个指标能使不同方案的属性值有较大差异，则说明其对方案决策与排序能起重要作用。离差最大化法主要分为如下四个步骤：①计算每个指标下方案之间的离差；②构造总离差最大目标函数；③利用拉格朗日函数和偏导计算指标权重的最优解；④归一化指标权重。

（4）具体决策方法运用　指标权重确定后，需要采用具体的决策方法对备选方案进行评估、排序，以得到理想决策方案。其中，灰色关联度评价法、TOPSIS 法和模糊综合评价法是常用的方法，下面将对它们进行简要介绍。

1）灰色关联度评价法。灰色关联度评价法首先确定所研究问题的评价指标和被评价方案，形成初始决策矩阵，如式（4-68）所示。

$$X = (x_{ij})_{m \times n} = \begin{bmatrix} x_{11} & x_{12} & \cdots & x_{1n} \\ x_{21} & x_{22} & \cdots & x_{2n} \\ \vdots & \vdots & & \vdots \\ x_{m1} & x_{m2} & \cdots & x_{mn} \end{bmatrix} \tag{4-68}$$

将属性值进行无量纲化预处理，并确定参考样本（理想方案），得到规范化决策矩阵，如式（4-69）所示。

$$Y = (y_{ij})_{m \times n} = \begin{bmatrix} y_{01} & y_{02} & \cdots & y_{0n} \\ y_{11} & y_{12} & \cdots & y_{1n} \\ y_{21} & y_{22} & \cdots & y_{2n} \\ \vdots & \vdots & & \vdots \\ y_{m1} & y_{m2} & \cdots & y_{mn} \end{bmatrix} \tag{4-69}$$

式中，$y_{0j} = \max\{y_{1j}, y_{2j}, \cdots, y_{mj}\}$，$j = 1, 2, \cdots, n$。

第 i 个方案的第 j 个指标与参考样本（理想方案）的关联系数用式（4-70）计算可得。

$$r_{ij} = \frac{\min_i \min_j |y_{ij} - y_{0j}| + \rho \max_i \max_j |y_{ij} - y_{0j}|}{|y_{ij} - y_{0j}| + \rho \max_i \max_j |y_{ij} - y_{0j}|} \tag{4-70}$$

式中，ρ 为分辨系数，在 $[0,1]$ 内取值，一般取 0.5。若其取较小值，则可以提高关联系数间差异的显著性，从而提高评价结果的区分能力，这也正是灰色关联度评价法的一个显著特点。

若指标的权重向量为 $\boldsymbol{\omega} = (\omega_1, \omega_2, \cdots, \omega_n)$，则被评价方案与参考样本（理想方案）的关联度可用式（4-71）计算得到。

$$R_i = \sum_{j=1}^{n} \omega_j r_{ij}, i = 1, 2, \cdots, m \tag{4-71}$$

按照与参考样本的关联度大小对被评价方案排序，关联度越大，被评价方案与参考样本越接近，被评价方案也就越优。

2）TOPSIS 法。TOPSIS 法首先确定各项指标的正理想解和负理想解，它们分别具有某一指标的最优值和最劣值。所有的正理想解构成最优方案，所有的负理想解构成最劣方案。然后求出各个方案与最优方案及最劣方案之间的加权欧氏距离，由此得出各方案与最优方案及最劣方案的接近程度。TOPSIS 法的基本步骤如下：

步骤 1：决策专家对 m 个方案的 n 个指标给出决策矩阵 $\boldsymbol{X} = (x_{ij})_{m \times n}$。

步骤 2：对决策矩阵原始数据进行归一化，得到 $\boldsymbol{Y} = (y_{ij})_{m \times n}$。

步骤 3：将指标权重与 $\boldsymbol{Y}$ 进行加权集结，得到加权决策矩阵 $\boldsymbol{Z} = (z_{ij})_{m \times n}$。

步骤 4：由各项指标的最优值和最劣值分别构成最优方案和最劣方案，如式（4-72）所示。

$$\begin{cases} \boldsymbol{Z}^+ = (z_1^+, z_2^+, \cdots, z_n^+) \\ \boldsymbol{Z}^- = (z_1^-, z_2^-, \cdots, z_n^-) \end{cases} \tag{4-72}$$

式中，$z_j^+ = \max\{z_{1j}, z_{2j}, \cdots, z_{mj}\}$，$z_j^- = \min\{z_{1j}, z_{2j}, \cdots, z_{mj}\}$，$j = 1, 2, \cdots, n$。

步骤 5：计算各方案与最优方案和最劣方案之间的距离，计算公式如式（4-73）所示。

$$\begin{cases} L_i^+ = \left[\sum_{j=1}^{n} (z_{ij} - z_j^+)^2 \right]^{1/2} \\ L_i^- = \left[\sum_{j=1}^{n} (z_{ij} - z_j^-)^2 \right]^{1/2} \end{cases} \tag{4-73}$$

步骤 6：利用公式 $C_i = L_i^- / (L_i^+ + L_i^-)$（$i = 1, 2, \cdots, m$）得到各方案的相对接近度。

步骤 7：按相对接近度大小对方案排序，相对接近度越大说明该方案越优。

灰色关联度评价法和 TOPSIS 法主要涉及四则运算，它们适用于绿色设计中方案属性值为实数型的情况。

3）模糊综合评价法。模糊综合评价法是一种基于模糊数学的综合评价方法。该方法根据模糊数学的隶属度理论把定性评价转换为定量评价，即用模糊数学对受到多种因素制约的事物或对象做出一个总体的评价。模糊综合评价法具有评价系统性强、评价结果清晰的特点，能较好地解决模糊、难以量化的问题。模糊综合评价法适用于绿色设计中方案属性值为语言型的情况。

4.3.5 绿色设计集成优化及决策方法应用案例

1. 数控机床拆卸设计优化

数控机床作为支撑我国工业发展的关键装备，其生产制造要耗费巨大的人力和物力资源。数控机床是典型的复杂机械产品，零部件数目过多且关系庞杂，为有效地对其进行拆卸序列规划，需对数控机床拆卸模块进行逐级划分。拆卸模块由零部件聚类而成，可能包含多个零部件，也可能仅有一个零部件。为了更好地解决数控机床拆卸求解困难问题，对于由较多零部件组成的拆卸模块，需要进一步对其进行模块划分，构建子级拆卸模块，并以此为基础构建数控机床拆卸序列规划模型。本节将以某企业加工中心的气动装置为例，开展拆卸设计优化的研究。该气动装置装配模型如图 4-42 所示，零部件明细见表 4-39 所列。

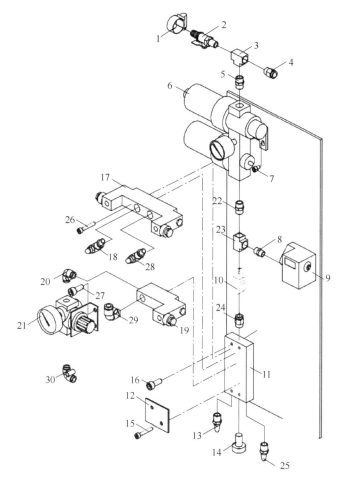

图 4-42　气动装置装配模型

（1）优化目标函数　为确保数控机床再制造拆卸系统的正常运行，一般情况下要依据具体需求拆卸相应模块，并以优先完成具有较高需求的模块的拆卸

表 4-39 零部件明细

编　号	名　　称	型　号	规格（材料）	数　量
1	喉箍	G31-7A	45	1
2	球阀	33MH	HT150	1
3	切料三角	P093	GCr15	1
4	快速接头	SPC8-03	45	1
5	短节	P014-2	HT150	1
6	空气过滤器	BFC3000-A	HT200	1
7	螺钉	GB70	45	2
8	短节	P013-2	HT150	1
9	压力控制器	IS3000-02	45	1
10	三通快速接头	SPD10-03	45	1
11	气动阀底座	200M-3F	GCr15	1
12	盲板	200M-B	45	2
13	消音器	SL-02	GCr15	1
14	1/4堵	LH-04	32	4
15	螺钉	GB70	45	2
16	螺钉	GB70	45	1
17	双线圈电磁阀	4V220-08-DC24V	GCr15	1
18	调速阀	JSC10-02	GCr15	1
19	单线圈电磁阀	4V210-08-DC24V	GCr15	1
20	直角快速接头	SPL06-02	Q235	1
21	调压阀	BR2000	45	1
22	短节	P014-2	Q235	1
23	切料三角	P093	40Cr	1
24	快速接头	SPC8-03	45	1
25	消音器	SL-02	HTA200	1
26	螺钉	GB70	45	2
27	螺钉	GB70	45	2
28	调速阀	JSC10-02	GCr15	1
29	直角快速接头	SPL06-02	Q235	1
30	直角快速接头	SPL06-02	Q235	1

为目标，尽可能地减少拆卸过程中的损坏率，提高废旧拆卸模块的重用度，以满足拆卸模块的生产制造需求。目标拆卸过程中往往存在多个可行的拆卸序列，这将直接决定拆卸成本的高低和拆卸复杂度大小，此外不同拆卸序列中的中间拆卸模块的种类和数量不同，会导致外部无需求的拆卸模块为企业带来额外的维护、处理等库存持有成本现象出现。因此，为满足拆卸模块外部需求，并且尽可能地实现企业利益的最大化，可建立数控机床需求满足度、拆卸复杂度、成本等三个拆卸序列优化目标函数，具体分析过程如下。

1) 需求满足度函数。不同的可行拆卸序列所包含的中间拆卸模块的种类和数量也不同，实际拆卸过程中要以优先完成具有较高需求的拆卸模块的拆卸为目标，以满足数控机床再制造系统下的生产制造需求。此外，拆卸序列的不同，模块的拆卸可达性优劣也不同，而拆卸可达性的优劣决定了模块在拆卸过程中的损坏率的大小，从而影响了机床模块的再制造重用度。因此，定义需求满足度为拆卸序列中拆卸模块的供应需求满足度和再制造重用度加权之和，并将其作为拆卸序列生成过程中的优化目标予以分析。

首先，计算数控机床拆卸序列的模块供应需求满足度。依据拆卸模块供应需求计划进行拆卸序列规划，拆卸过程中所得的中间拆卸模块 $i(i=1, 2, \cdots, N$，N 为拆卸序列中的拆卸模块个数）的数量用 X_i 表示，其外部需求数量为 G，通过拆卸模块 j 所得的其子级拆卸模块 i 的数量用 G_{ji} 表示，则拆卸模块 i 的供应需求满足度 XQ_i 的计算公式如式（4-74）所示。

$$XQ_i = \sum_{j \in \emptyset(i)} G_{ji} \cdot X_i / G \tag{4-74}$$

其次，计算数控机床拆卸序列的模块再制造重用度。机械产品零部件的损坏概率遵循负指数分布，设退役机床待拆卸的模块 i 的使用时间为 T，其使用后的降级率为 ϑ_j，用 Y_{ij} 表示拆卸模块 i 对 j 的拆卸可达性影响。当 i 对 j 的拆卸可达性具有影响时，Y_{ij} 的取值为 1，否则取值为 0。h_{ij} 表示拆卸模块 i 和 j 间的拆卸优先关系，当对 j 的拆卸可达性具有影响的 i 在其之前拆卸时，h_{ij} 的取值为 0，否则取值为 1。则拆卸模块 j 的再制造重用度 CP_j 的计算公式如式（4-75）所示。

$$CP_j = e^{-\left(\vartheta_j T + \sum_{i=1}^{N} Y_{ij} h_{ij} \zeta_{ij}\right)} \tag{4-75}$$

式中，ζ_{ij} 为拆卸模块 i 对 j 的拆卸可达性影响所产生的拆卸损坏率。这里以拆卸模块内单个零部件的再制造重用度的最小值作为该拆卸模块的再制造重用度。

综合考虑拆卸序列中所有拆卸模块的供应需求满足度和再制造重用度，建立需求满足度优化目标函数，如式（4-76）所示。

$$F_d(CX) = \sum_{i=1}^{N} \left\{ \phi \sum_{j \in \varnothing(i)} G_{ji} \cdot X_i / G + \varphi e^{-\left[\vartheta_j T + \sum_{i=1}^{N} (Y_{ij} h_{ij} \xi_{ij}) \right]} \right\} \qquad (4\text{-}76)$$

式中，$F_d(CX)$ 为需求满足度优化目标函数；ϕ 和 φ 分别为模块供应需求满足度和再制造重用度的权重系数，由再制造拆卸系统的模块供求情况决定。

2）拆卸复杂度函数。拆卸复杂度对数控机床拆卸效率以及拆卸成本有重要的影响，其数值越小，拆卸过程越简单，拆卸效率越高，拆卸成本越低。零部件的拆卸是通过解除它们之间的连接实现的，由于实现不同零部件的拆卸所需要解除的连接方式不同，因此所对应的拆卸工具及其操作复杂度也不同。拆卸复杂度受拆卸工具操作复杂度、连接类型拆除的难度、拆卸可达性等因素影响，难以对其进行量化描述，因此这里拟用连接类型的相对拆卸复杂度和拆卸工具相对操作复杂度等间接描述拆卸复杂度。数控机床拆卸复杂度优化目标函数构建过程如下：

首先，分析并计算数控机床连接类型的相对拆卸复杂度。比较数控机床各连接类型拆卸难度，采用 1~9 标度法构建关于连接类型拆卸复杂度的判断矩阵，通过计算和一致性检验分析，获得连接类型的相对拆卸复杂度，用 TP 表示。

其次，分析并计算拆卸工具操作复杂度。拆卸工具操作复杂度主要由拆卸工具成本、拆卸技术深度等决定。表 4-40 为数控机床常用的拆卸工具信息列表。

表 4-40　数控机床常用的拆卸工具信息列表

编　号	工具名称	成本（元）	编　号	工具名称	成本（元）
001	呆扳手	10	008	锤子	30
002	活扳手	20	009	拉卸工具	2200
003	六角扳手	30	010	机械压力机	1500
004	螺钉旋具	15	011	钳具	25
005	十字螺钉旋具	24	012	旋具	60
006	T形六角扳手	35	013	辅助套筒	55
007	焊枪	75	014	拔销器	480

综合考虑拆卸模块间连接类型的拆卸复杂度及所用的拆卸工具操作复杂度，建立拆卸复杂度优化目标函数，如式（4-77）所示。

$$F_f(CX) = \sum_{i=1}^{N} \sum_{h=1}^{H} \left[\alpha TP_h + \beta \sum_{k=1}^{K} Tool(k, h, i) \cdot CP_k \cdot \eta \right] \qquad (4\text{-}77)$$

式中，$F_j(CX)$ 为拆卸复杂度；H 为拆卸模块 i 所需拆卸的连接数量；K 为拆卸模块 i 的第 h 个连接时所需要的拆卸工具种类；α、β 分别为连接的相对拆卸复杂度、拆卸工具操作复杂度权重系数，由专家决策获得；η 为拆卸模块的拆卸可达性对拆卸工具操作复杂度的影响系数，若对模块 i 的拆卸可达性具有重要影响的模块在其拆卸之前已被拆卸，则 η 的取值为 1，否则 η 取值为拆卸模块 i 的拆卸可达性模糊数值的倒数；TP_h 为拆卸模块 i 的第 h 个连接时的相对拆卸复杂度；CP_k 表示拆卸工具 k 的相对操作复杂度；$Tool(k,h,i)$ 的取值为 1 或 0，当取值为 1 时表示拆卸模块 i 的第 h 个连接时拆卸工具 k 被使用，当取值为 0 时则表示拆卸 i 的第 h 个连接时拆卸工具 k 不被使用。

3）成本函数。不同拆卸序列所具有的中间拆卸模块的种类和数量也可能会不同，这种情况不仅造成需求满足度及拆卸复杂度等的不同，同时会因为各拆卸模块的供应需求不同，外部无需求的拆卸模块会为企业带来额外的维护、管理等库存持有成本。因此，不同的目标拆卸序列所产生的库存持有成本及拆卸成本也会不同，应将成本作为数控机床拆卸序列规划的优化目标并予以分析。数控机床拆卸序列规划成本优化目标函数具体分析及构建过程如下：

首先，计算产生的库存持有成本。依据数控机床拆卸批量计划需求对目标模块进行拆卸，所得的中间拆卸模块 i 的数量用 X_i 表示，通过拆卸模块 j 所得的子级拆卸模块 i 的数量用 G_{ji} 表示，则拆卸所获得中间模块 i 的数量 ST_i 可用式（4-78）表示。

$$ST_i = \sum_{j \in \varnothing(i)} G_{ji} \cdot X_i \qquad (4\text{-}78)$$

设拆卸模块 i 的单位库存持有成本为 ∂_i，则拆卸序列中模块 i 产生的库存持有成本 DM_i 可用式（4-79）表示。

$$DM_i = \partial_i(ST_i - H_i) \qquad (4\text{-}79)$$

式中，H_i 为模块 i 的外部需求数量，且当拆卸模块数量 ST_i 小于其外部需求数量 H_i 时，DM_i 的取值为 0。

其次，计算拆卸成本。拆卸成本主要包括由拆卸工具决定的成本和工人的劳动成本。设拆卸模块 i 所产生的拆卸成本为 DF_i，则 DF_i 可用式（4-80）表示。

$$DF_i = \sum_{h=1}^{H} \sum_{k=1}^{K} Tool(k,h,i) \cdot \lambda_k + \sigma \sum_{h=1}^{H} Time(h,i) \sum_{j=1}^{N} Y_{ji} h_{ji} \delta_{ji} \qquad (4\text{-}80)$$

式中，λ_k 是由拆卸工具决定的单位成本；σ 为工人单位劳动时间的成本；Y_{ji} 为拆卸模块 i 对 j 的拆卸可达性影响关系，当 i 对 j 的拆卸可达性具有影响时，Y_{ji} 的取值为 1，否则取值为 0；h_{ji} 为拆卸模块 i 和 j 间的拆卸优先关系，当对模块 j

的拆卸可达性具有影响的 i 在其之前拆卸时，h_{ji} 的取值为 0，否则取值为 1。δ_{ji} 为拆卸模块 i 对 j 的拆卸时间影响系数。

综合考虑数控机床拆卸过程产生的拆卸成本和库存持有成本，建立成本优化目标函数，如式（4-81）所示。

$$F_m(CX) = \sum_{i=1}^{N}(DM_i + DF_i) \tag{4-81}$$

经过以上分析，建立模块供求驱动的数控机床拆卸序列的多目标优化数学模型，如式（4-82）所示。

$$F(CX) = \begin{cases} \max(F_d(CX)) \\ \min(F_f(CX)) \\ \min(F_m(CX)) \end{cases}$$

s. t.

$$ST_i \geqslant 0, D_i \geqslant 0, X_i \geqslant 0 \qquad (i = 1, 2, \cdots, N)$$

$$0 < \alpha < 1, 0 < \beta < 1$$

$$\alpha + \beta = 1$$

$$\tag{4-82}$$

以上描述的是常见的多目标优化问题，即以需求满足度最大化、拆卸复杂度和成本的最小化为约束，求解拆卸序列的最优解集。这里将针对该多目标优化数学模型，采用改进的 Pareto 蚁群算法求解可行拆卸序列的非支配解集。

（2）优化方法　蚁群算法作为常用的智能优化方法之一，可以用于求解离散空间中的约束问题，并且已被广泛地运用于解决搜索装配和拆卸路径的问题中。蚁群算法模型的数学描述如下：

蚁群在进行路径搜索的过程中，在一个搜索周期 t 内，蚂蚁由节点 i 转移到节点 j 的概率的大小决定了蚂蚁的运动状态，如式（4-83）所示。

$$P_{ij}(t) = \frac{\varphi^\alpha_{ij}(t) \cdot \gamma^\beta_{ij}(t)}{\sum_{g \in A(t)} \varphi^\alpha_{ig}(t) \cdot \gamma^\beta_{ig}(t)} \tag{4-83}$$

式中，$P_{ij}(t)$ 为蚂蚁在节点 i 和 j 间的转移概率；$A(t)$ 为蚂蚁下一步可行搜索的节点集合；$\varphi_{ij}(t)$ 为节点 i 到节点 j 的信息素浓度，信息素浓度越大，蚂蚁选择节点 j 的概率 $P_{ij}(t)$ 越大；$\gamma_{ij}(t)$ 为蚂蚁由节点 i 到节点 j 的启发函数，由搜索约束条件决定；α 和 β 为上述两种函数的相应权重系数。

蚁群算法通过不断更新搜索过程中产生的信息素指引以后的蚂蚁进行路径的选择，逐步获得最优解。完成任一路径段的搜索后，信息素浓度 $\varphi_{ij}(t)$ 按式（4-84）~式（4-86）进行更新。

$$\varphi_{ij}(t + \Delta t) = (1 - \mu)\varphi_{ij}(t) + \mu\Delta\varphi_{ij}(t) \tag{4-84}$$

$$\Delta\varphi_{ij}(t) = \frac{\sum_{k=1}^{m}\phi(f_k)}{\sum_{(i,j)\in S}\sum_{k=1}^{m}\phi(f_k)} \tag{4-85}$$

$$\varphi_{ij} = (1 - \gamma)\varphi_{ij} + \gamma\varphi_0 \tag{4-86}$$

式中，μ 为节点间信息素挥发权重系数，且 $0<\mu<1$；γ 为信息素局部挥发权重系数，且 $0<\gamma<1$；$\Delta\varphi_{ij}(t)$ 为 m 只蚂蚁在此次搜索周期中在节点 i 和 j 间留下的信息素；S 为所有蚂蚁搜索路径的集合；f_k 为优化目标函数值且由蚂蚁 k 搜索路径决定。

基于以上分析，在求解拆卸路径过程中，信息素更新策略通过对不同蚂蚁对应的路径段信息素增量进行求和，实现拆卸路径的信息素全局更新，使不同拆卸路径获得的信息素增量相同。随着拆卸路径中信息素的增加，所有的拆卸路径在下个搜索周期被蚁群选择的概率都会随之增加，而随着信息素的挥发，未被选择的相对较优拆卸路径上的信息素浓度会逐渐降低，使其在下个搜索周期被蚁群选择的概率减小。这种情况就有可能使较差的拆卸路径被选择，而使较优的拆卸路径被遗漏，从而影响拆卸序列非支配解集的质量。因此，对基本蚁群算法优化求解技术进行改进，提出了改进 Pareto 蚁群算法。

改进 Pareto 蚁群算法使用合理拆卸路径信息素更新策略：设在某一搜索周期内蚁群所获得的拆卸路径中，依据拆卸约束条件求得每条拆卸路径所对应的目标函数数值，用 $f(t)$ 表示。设初始蚂蚁数目为 k，完成一个搜索周期后则可获得拆卸路径集合 $L = \{L_1(t), L_2(t), \cdots, L_k(t)\}$，依据所对应的目标函数的大小，求取拆卸路径的非支配解集 L^{ε}，且 $L^{\varepsilon}\in L$。定义 i 到 j 的拆卸路段为 $w(i, j)$，若 $w(i, j)\in L^{\varepsilon}$，则拆卸路段 $w(i, j)$ 的信息素增量 $\Delta\varphi_{ij}(t) = \phi(f(t))$，否则 $\Delta\varphi_{ij}(t) = 0$。因为较优的拆卸路段有利于指导以后的蚂蚁进行快速有效的搜索，因此需要为其分配较大的信息素增量，依据拆卸路段 $w(i, j)$ 在非支配解集 L^{ε} 出现的次数，设定其信息素增量，如式（4-87）所示。

$$\Delta\varphi_{ij}(t) = \begin{cases} \dfrac{1}{1 + 2^{\sum_{i=1}^{n-s}(F_f(CX_i)+F_t(CX_i)+F_m(CX_i))}} \\ 0 \end{cases} \tag{4-87}$$

式中，$CX_i\in L^{\varepsilon}$，i 和 j 均为待拆卸的零部件；s 为拆卸路段 $w(i, j)$ 在非支配解集中出现的次数。按照式（4-87），信息素进行全局更新后，所得非支配拆卸序列对应的信息素浓度 $\varphi_{ij}^{\varepsilon}(t)$ 大于其他拆卸序列的信息素浓度，从而能够正确地引导蚁群搜索路径方向。

改进 Pareto 蚁群算法实现了搜索路径上信息素的合理分配，使得较优的路径得以获得较高的信息素增量，从而增大了相应搜索路段上的信息素浓度，能够更好地引导蚁群在较优的路径范围内搜索最优解，提高了搜索效率。

综上所述，基于改进 Pareto 蚁群算法的数控机床拆卸序列的求解过程如下：

步骤 1：设定算法中的基本参数，包括信息素浓度权重系数 α 和启发函数权重系数 β、信息素挥发权重系数 μ 以及搜索循环周期 t 等。

步骤 2：初始化 $t=0$，路径信息素浓度 $\varphi_{ij}(t) = \varphi_0$。

步骤 3：随机赋予每只蚂蚁一个可拆卸的基本拆卸单元作为初始拆卸点，依据路径选择概率搜索下一个可进行拆卸的基本拆卸单元。

步骤 4：完成一个基本拆卸单元的拆卸后，把其放入拆卸序列表中，并同时更新连接矩阵和拆卸约束矩阵，以便及时更新可进行拆卸的基本拆卸单元集合。

步骤 5：重复步骤 4，直至所有蚂蚁完成目标拆卸。

步骤 6：在一个搜索周期 t 内，所有蚂蚁对应的目标拆卸路径组成了拆卸序列集合 L_t，依据多目标问题求解方法求取拆卸序列集合 L_t 的非支配解集 L_t^{ε}。

步骤 7：待所有蚂蚁完成一个搜索周期后，按照式（4-84）~式（4-87）更新拆卸路径的信息素浓度。

步骤 8：$t=t+1$，转至步骤 3~6，分析该搜索循环周期内拆卸序列集合 L_t 的非支配解集 L_t^{ε}，并与上一搜索循环周期的非支配解集进行比较，实现非支配解集 L_t^{ε} 的更新。

步骤 9：转至步骤 7。

步骤 10：$t=t+1$，直至达到初始设置的搜索循环周期，输出拆卸序列非支配解集，否则转至步骤 8。

基于改进 Pareto 蚁群算法的数控机床拆卸设计优化求解流程如图 4-43 所示。

（3）优化结果　首先依据紧固件简化原则对气动装置装配零部件进行约减，即将螺钉等紧固件的连接关系转换为其他零部件间的连接关系，以约减后组成气动装置的零部件及零部件间的关联关系为研究重点，进行模块化拆卸序列规划。在研究气动装置零部件间的关联关系基础上，结合拆卸模块划分准则分析并计算零部件间的综合关联值，构建气动装置设计关联矩阵，见表 4-41 所列。

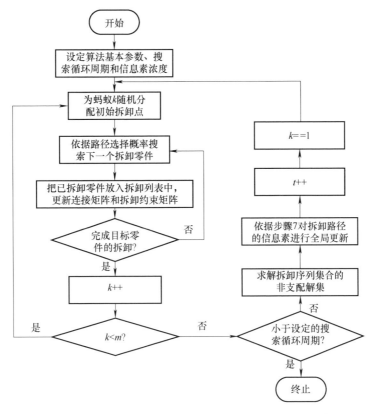

图 4-43 基于改进 Pareto 蚁群算法的数控机床拆卸设计优化求解流程

表 4-41 气动装置设计关联矩阵

	1	2	3	4	5	6	8	···	30
1	1	0.627	0.562	0.612	0.000	0.000	0.000	···	0.000
2	0.627	1	0.653	0.572	0.000	0.000	0.000	···	0.000
3	0.562	0.653	1	0.762	0.503	0.000	0.000	···	0.000
4	0.612	0.572	0.762	1	0.000	0.000	0.000	···	0.000
5	0.000	0.000	0.503	0.000	1	0.675	0.524	···	0.000
6	0.000	0.000	0.000	0.000	0.675	1	0.000	···	0.000
8	0.000	0.000	0.000	0.000	0.000	0.000	1	···	0.000
···	···	···	···	···	···	···	···	···	···
30	0.000	0.000	0.000	0.000	0.000	0.000	0.000	···	1

采用传递闭包方法对气动装置设计关联矩阵进行模块化聚类, 依据阈值取

值大小的不同，可以获得不同粒度的气动装置拆卸模块划分方案。当阈值取值为 0.545 时获得的拆卸模块划分方案的质量最优，对应的拆卸模块主要包括 M1{1,2}、M2{3,4,5}、M3{6}、M4{10,24}、M5{8,22,23}、M6{11,13,14,25}、M7{17,18,28}、M8{19,29}、M9{9}、M10{20,21,30} 和 M11{12}。

对气动装置进行拆卸模块划分后，将各拆卸模块视为基本的拆卸单元，依据基本拆卸单元间的邻接关系和拆卸优先约束关系，建立该气动装置基本拆卸单元邻接矩阵和拆卸约束矩阵，见表 4-42 和表 4-43 所列。

表 4-42　气动装置基本拆卸单元邻接矩阵

	M1	M2	M3	M4	M5	M6	M7	M8	…	M11
M1	0	1	0	0	0	0	0	0	…	0
M2	1	0	1	0	0	0	0	0	…	0
M3	0	1	0	0	1	0	0	0	…	0
M4	0	0	0	0	1	1	0	0	…	0
M5	0	0	1	1	0	0	0	0	…	0
M6	0	0	0	1	0	0	1	1	…	1
M7	0	0	0	0	0	1	0	0	…	0
M8	0	0	0	0	0	1	0	0	…	0
M9	0	0	0	0	1	0	0	0	…	0
M10	0	0	0	0	0	0	0	0	…	0
M11	0	0	0	0	0	0	0	0	…	0

表 4-43　气动装置拆卸约束矩阵

	M1	M2	M3	M4	M5	M6	M7	M8	…	M11
M1	0	0	0	0	0	0	0	0	…	0
M2	0	0	1	0	0	0	0	0	…	0
M3	0	0	0	1	0	0	0	0	…	0
M4	0	0	0	0	0	0	0	0	…	0
M5	0	0	0	1	0	0	0	0	…	0
M6	0	0	0	1	0	0	0	0	…	0
M7	0	0	0	0	0	1	0	0	…	0
M8	0	0	0	0	0	1	0	0	…	0
M9	0	0	0	0	1	0	0	0	…	0
M10	0	0	0	0	0	0	0	0	…	0
M11	0	0	0	0	0	0	0	0	…	0

依据以上建立的气动装置拆卸信息模型，综合考虑各个基本拆卸单元的相关拆卸信息，构建气动装置基本拆卸信息列表，见表 4-44 所列。

表 4-44　气动装置基本拆卸信息列表

拆卸边	拆卸工具	连接类型	连接数量	拆卸时间/s
（M1-M2）	012	过盈连接	1	54
（M2-M3）	009	过盈连接	1	82
（M3-M5）	009	过盈连接	1	80
（M4-M5）	012	过盈连接	1	58
（M4-M6）	009	过盈连接	1	78
（M5-M9）	009	过盈连接	1	86
（M6-M7）	003	螺纹连接	1	24
（M6-M8）	009	过盈连接	1	76
（M6-M11）	004	螺纹连接	2	50
（M8-M10）	004	螺纹连接	1	24

依据蚁群算法参数设置对算法相关性能的影响，并参考 Pareto 蚁群算法在实际应用中的参数设置数值，设定改进 Pareto 蚁群算法的参数如下：$m = 20$，$\alpha = 2$，$\beta = 2$，$\mu = 0.2$，$\gamma = 0.1$，$t = 100$。运用改进 Pareto 蚁群算法对该气动装置拆卸序列优化问题进行求解，经过分析各基本拆卸单元的外部需求，以拆卸复杂度、需求满足度、成本为优化目标，以 M4 为目标拆卸模块进行气动装置拆卸序列规划。运用 MATLAB 分析计算，即可得到拆卸序列非支配解集。表 4-45 所列为改进 Pareto 蚁群算法迭代 100 次获得的可行目标拆卸序列非支配解集。其空间分布状况如图 4-44 所示。图 4-45、图 4-46 和图 4-47 分别为需求满足度、拆卸复杂度、成本的最优值变化曲线。

表 4-45　改进 Pareto 蚁群算法迭代 100 次获得的可行目标拆卸序列非支配解集

序号	目标拆卸序列	$F_f(CX)$	$F_d(CX)$	$F_m(CX)$
1	M1→M2→M3→M9→M8→M4	7.23	8.14	138
2	M7→M10→M8→M11→M6→M4	6.15	7.82	121
3	M1→M9→M2→M3→M5→M4	6.46	8.57	132
4	M11→M7→M8→M10→M6→M4	6.52	7.78	115
5	M10→M8→M7→M11→M6→M4	7.34	8.23	112

159

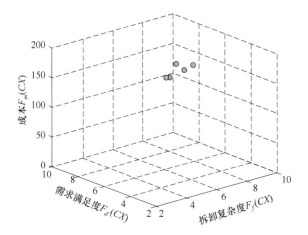

图 4-44　拆卸序列非支配解集的空间分布状况

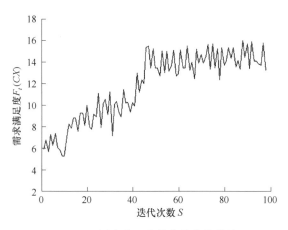

图 4-45　需求满足度最优值变化曲线

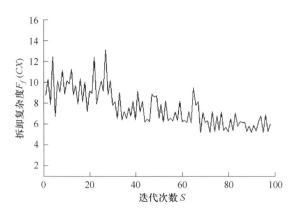

图 4-46　拆卸复杂度最优值变化曲线

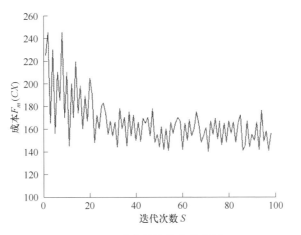

图 4-47　成本最优值变化曲线

从图 4-44 可以看出，通过改进 Pareto 蚁群算法求解获取的非支配解在多样性方面分布较为理想，数量分布也较为均匀。经过分析各优化目标函数最优值变化曲线可知，在利用改进 Pareto 蚁群算法寻优的过程中，需求满足度、拆卸复杂度、成本等三个优化目标函数的收敛性较优。

2. 数控机床拆卸设计决策

拆卸作为再制造的先决条件，其合理性是废旧数控机床得以再制造重用的有效保证。现有的研究主要从技术、经济和环境等三个方面制定相关拆卸序列评价指标，不同的拆卸意图所对应的具体拆卸序列评价指标也不同。这里综合考虑数控机床再制造拆卸系统下存在的目标拆卸问题，将从可拆卸性、拆卸效率、拆卸绿色性等三个方面分析并建立数控机床拆卸方案评价指标体系，并以气动装置拆卸方案为例进行方案的决策分析，具体过程如下。

（1）评价指标

1）可拆卸性指标。

拆卸难度指数（G1）：不同的连接类型需要不同的拆卸工具、不同的拆卸技术，并且具有不同的拆卸难度，因此连接类型的拆卸难度直接反映了数控机床待拆卸模块的拆卸难度。因为基于模块供求驱动求解得到的数控机床拆卸序列，可能具有不同的模块种类和模块数量，所以模块的拆卸难度决定了拆卸方案的优劣，且拆卸难度指数越大，可拆卸性越差。这里以数控机床拆卸序列中的子级模块间连接类型的拆卸难度系数之和表示拆卸方案的拆卸难度指数，作为评价拆卸方案优劣的指标，数学表达如式（4-88）所示。

$$DL = \sum_{i=j+1}^{N-1} \sum_{j=1}^{N} \sum_{h=1}^{H} \alpha_h \cdot Link(h,i,j) \qquad (4\text{-}88)$$

式中，N 为拆卸序列中的拆卸模块的数量；$Link(h,i,j)$ 为拆除子级拆卸模块 i 和 j 间的第 h 个连接的连接类型；H 为 i 和 j 间的连接接口总数；α_h 为第 h 个连接的拆卸难度系数。

拆卸可达性（G2）：较好的拆卸可达性有利于工人方便地使用拆卸工具并快速有效地完成拆卸，从而提高数控机床模块的可拆卸性。这里用拆卸序列中所有拆卸模块的拆卸可达性之和评价数控机床拆卸方案的优劣，可达性越差，拆卸性能越差。拆卸可达性的优劣主要由拆卸干涉约束、视线可达约束等决定。

模块需求量（G3）：在再制造拆卸系统下，要依据外部需求对数控机床进行目标拆卸，并且以优先完成具有较高需求的拆卸模块的拆卸为目标，因此待拆卸模块的需求量越高，越可拆卸。这里用拆卸方案中所有拆卸模块的外部需求数量之和评价拆卸方案的优劣，其数值越大，拆卸方案越优，方案的拆卸可行性越好，数学表达如式（4-89）所示。

$$KQ = \sum_{i=1}^{N} \phi_i \sum_{j\in\varnothing(i)} G_{ji} \cdot X_j \qquad (4\text{-}89)$$

式中，X_j 为中间拆卸模块 j 的数量；G_{ji} 为拆卸模块 j 所得的其子级拆卸模块 i 的数量；ϕ_i 的取值为 1 或 0，当拆卸模块 i 具有外部需求时，ϕ_i 的值为 1，否则取值为 0。

2）拆卸效率指标。

拆卸时间（G4）：拆卸时间的长短在一定程度上反映了拆卸效率的高低，缩短拆卸时间有利于提高数控机床拆卸效率、降低拆卸成本，以及可快速响应外部需求。因此拆卸时间是衡量数控机床拆卸方案优劣的重要指标之一，且拆卸过程中所耗费的拆卸时间越短，拆卸方案越优。这里所考虑的拆卸时间主要为数控机床拆卸序列中所有零部件的拆卸操作时间之和，拆卸操作时间由连接类型决定，数学表达如式（4-90）所示。

$$F_t(CX) = \sum_{i=j+1}^{N-1} \sum_{j=1}^{N} \sum_{h=1}^{H} Link(h,i,j) \cdot \theta_t^h \qquad (4\text{-}90)$$

式中，N 为拆卸序列中的零部件数量；$Link(h,i,j)$ 为拆除零部件 i 和 j 间的第 h 个连接的连接类型；H 为 i 和 j 间的连接接口总数；θ_t^h 为第 h 个连接所需要的拆卸时间。

拆卸工具变换次数（G5）：拆卸工具的变换会增加数控机床额外的拆卸时间，降低拆卸效率，因此应尽可能地减少数控机床拆卸过程中拆卸工具的更换次数。例如，零部件 i 和 j 使用的拆卸工具相同，k 使用与 i 和 j 不同的拆卸工具进行拆卸，若存在可行拆卸序列 j-i-k 和 j-k-i，则可依据拆卸工具变换次数判

定序列 j-i-k 较优。拆卸工具变换次数主要由拆卸方案中待拆卸零部件使用的拆卸工具决定，且拆卸工具变换次数越少，拆卸方案越优。

3）拆卸绿色性指标。

拆卸成本（G6）：企业是以盈利为目标的，因此从企业的角度出发，可将拆卸成本作为评价数控机床拆卸方案优劣的主要指标之一，且拆卸成本越低越好。依据拆卸方案，拆卸工人要使用相应的拆卸工具才能完成零部件的拆卸，而企业则要付给工人工资并且购买相应的拆卸工具才能确保拆卸生产线正常运作，因此拆卸成本主要由拆卸工具决定的成本和工人的劳动成本组成。基本拆卸单元 i 的拆卸成本数学表达如式（4-91）所示。

$$DF_i = \sum_{h=1}^{H}\sum_{k=1}^{K} Tool(k,h,i) \cdot \lambda_k + \sigma \sum_{h=1}^{H} Time(h,i) \quad (i = 1,2,\cdots,N) \quad (4\text{-}91)$$

式中，$Tool(k,h,i)$ 为基本拆卸单元 i 中的第 h 个连接所用的第 k 个拆卸工具的类型；$Time(h,i)$ 为拆除 i 中的第 h 个连接所花费的时间；H 为完成 i 的拆卸所要拆除的连接数；λ_k 是由拆卸工具决定的成本系数；σ 是工人单位劳动的成本系数。

有毒零部件数量（G7）：拆卸时要尽快拆除对环境有危害的数控机床中的零部件，因此拆卸序列中含有的有毒零部件的数目越多，该拆卸方案越好。数控机床拆卸序列中有毒零部件数量的数学表达如式（4-92）所示。

$$WH_i = \sum_{i=1}^{N} X_i^\varepsilon \quad (4\text{-}92)$$

式中，WH_i 为拆卸序列中有毒零部件的数量。当零部件 i 有毒时，X_i^ε 取值为 1；无毒时，X_i^ε 取值为 0。

材料相容性（G8）：拆卸过程中应尽快地拆卸与数控机床其他零部件材料相容性较低的零部件，否则零部件间的接触表面会发生越来越严重的化学腐蚀或老化现象，从而会增加拆卸复杂度，并且会使零件的修复变得更加困难，降低数控机床零部件的再制造重用度。这里用数控机床拆卸序列中零部件间的材料相容指数之和表达，如式（4-93）所示。

$$XR = \sum_{i=1}^{N-1}\sum_{j=1}^{N} ZL_{ij} \quad (4\text{-}93)$$

式中，XR 为拆卸序列中零部件间的材料相容指数之和；ZL_{ij} 为零部件 i 和 j 之间的材料相容因子。

（2）决策策略 考虑到数控机床拆卸方案评价指标间存在非线性交互性关系，这里采用网络分析法分析评价指标间的关联程度以及相对重要度，并为其分配相关权重，具体步骤如下。

首先，分析数控机床拆卸方案评价指标间的相对重要度，运用网络分析法建立超矩阵。通过判定评价指标间的相对重要度，构建判断矩阵。设 $F = \{f_1, f_2, \cdots, f_n\}$ 为数控机床拆卸方案评价指标组成的集合，评价指标 f_i 的子节点评价指标集合用 $\{f_{i1}^o, f_{i2}^o, \cdots, f_{in}^o\}$ 表示，则对于 f_j 中的任意子评价指标 f_{jk}^o，f_i 中的各评价指标间相对 f_{jk}^o 的判断矩阵如式（4-94）所示。

$$P(f_{jk}^o) = \begin{bmatrix} f_{i1}^o f_{i1}^o & f_{i1}^o f_{i2}^o & \cdots & f_{i1}^o f_{in}^o \\ f_{i2}^o f_{i1}^o & f_{i2}^o f_{i2}^o & \cdots & f_{i2}^o f_{in}^o \\ \vdots & \vdots & & \vdots \\ f_{in}^o f_{i1}^o & f_{in}^o f_{i2}^o & \cdots & f_{in}^o f_{in}^o \end{bmatrix} \qquad (4\text{-}94)$$

通过对矩阵 $P(f_{jk}^o)$ 进行分析计算，可获得集合 $\{f_{i1}^o, f_{i2}^o, \cdots, f_{in}^o\}$ 中评价指标的权重系数，用集合 $\{W_{f_{i1}}(f_{jk}), W_{f_{i2}}(f_{jk}), \cdots, W_{f_{in}}(f_{jk})\}$ 表示。评价指标 f_i 受 f_j 的影响度可用矩阵 $Y(f_i, f_j)$ 表示，且当 $i = j$ 时，$Y(f_i, f_j) = 0$，所有 $Y(f_i, f_j)$ 构成的矩阵即为超矩阵，如式（4-95）和式（4-96）所示。

$$Y(f_i, f_j) = \begin{bmatrix} W_{f_{i1}}(f_{j1}) & W_{f_{i1}}(f_{j2}) & \cdots & W_{f_{i1}}(f_{jm}) \\ W_{f_{i2}}(f_{j1}) & W_{f_{i2}}(f_{j2}) & \cdots & W_{f_{i2}}(f_{jm}) \\ \vdots & \vdots & & \vdots \\ W_{f_{in}}(f_{j1}) & W_{f_{in}}(f_{j2}) & \cdots & W_{f_{in}}(f_{jm}) \end{bmatrix} \qquad (4\text{-}95)$$

$$Y = \begin{bmatrix} Y(f_1, f_1) & Y(f_1, f_2) & \cdots & Y(f_1, f_n) \\ Y(f_2, f_1) & Y(f_2, f_2) & \cdots & Y(f_2, f_n) \\ \vdots & \vdots & & \vdots \\ Y(f_n, f_1) & Y(f_n, f_2) & \cdots & Y(f_n, f_n) \end{bmatrix} \qquad (4\text{-}96)$$

其次，运用影响矩阵法分析同一元素组的各评价指标间的相互关系。设评价指标 f_i 的子集合为 $\{f_{i1}^o, f_{i2}^o, \cdots, f_{in}^o\}$，构建各指标间相互影响程度的有向矩阵 U，如式（4-97）所示。

$$U = \begin{bmatrix} u(f_{i1}^o, f_{i1}^o) & u(f_{i1}^o, f_{i2}^o) & \cdots & u(f_{i1}^o, f_{in}^o) \\ u(f_{i2}^o, f_{i1}^o) & u(f_{i2}^o, f_{i2}^o) & \cdots & u(f_{i1}^o, f_{in}^o) \\ \vdots & \vdots & & \vdots \\ u(f_{in}^o, f_{i1}^o) & u(f_{in}^o, f_{i2}^o) & \cdots & u(f_{in}^o, f_{in}^o) \end{bmatrix} \qquad (4\text{-}97)$$

式中，$u(f_{ik}^o, f_{il}^o)$ 为 f_{ik}^o 对 f_{il}^o 的影响程度。对 U 分别进行归一化处理、极限运算获得矩阵 Q，对矩阵 Q 中的列元素进行归一化处理后，将矩阵中的元素对应地填入超矩阵 Y 中 $Y(f_i, f_j)$ 为 0 的位置，获得超矩阵 Y^*。

最后，构建数控机床拆卸方案评价指标加权矩阵。以上获得的超矩阵 Y^* 并不是归一化矩阵，因此需要对其进一步处理。设 $F=\{f_1,f_2,\cdots,f_n\}$ 是由数控机床拆卸方案评价指标组成的集合，评价指标 f_i 的子节点评价指标集合用 $\{f_{i1}^o,f_{i2}^o,\cdots,f_{in}^o\}$ 表示，基于评价指标 f_i 对集合 F 中的各指标进行比较，则可构建判断矩阵，对其进行归一化处理可得特征向量 $f=[f_{1i},f_{2i},\cdots,f_{ni}]^{\mathrm{T}}$，所有特征向量合并构成的矩阵即为数控机床拆卸方案评价指标加权矩阵，如式（4-98）所示。

$$F=\begin{bmatrix} f_{11} & f_{12} & \cdots & f_{1n} \\ f_{21} & f_{22} & \cdots & f_{2n} \\ \vdots & \vdots & & \vdots \\ f_{n1} & f_{n2} & \cdots & f_{nn} \end{bmatrix} \tag{4-98}$$

按式（4-99）构建数控机床拆卸方案评价指标加权超矩阵 Y'，并对其进行极限运算。若存在唯一的极限值，即可获得各评价指标的权重。

$$Y'=FY^* \tag{4-99}$$

运用网络分析法求得的数控机床拆卸方案评价指标的权重构成了权重向量 P，通过式（4-100）计算每个评价指标的 Shapley 值，则可构建数控机床拆卸方案评价指标的模糊测度求解数学模型。

$$\max\left(\frac{PP'}{|P||P'|}\right)=\max\left(\frac{\sum\limits_{I=1}^{n}\rho_{f_I}\rho'_{f_i}}{\sqrt{\left(\sum\limits_{I=1}^{n}\rho_{f_i}^2\right)\left(\sum\limits_{I=1}^{n}\rho_{f_i}'^2\right)}}\right) \tag{4-100}$$

依据模糊积分满足的定理构建约束条件，如式（4-101）~式（4-104）所示。

$$\rho'_{f_i}=\sum_{|h|=0}^{n-1}\frac{(n-|h|-1)!\ |h|!}{n!}\sum_{h\subset F\backslash f_i}(\mu(h\cup\{f_i\})-\mu(h)) \tag{4-101}$$

$$\mu(A\cup B)=\mu(A)+\mu(B)+\lambda\mu(A)\mu(B) \tag{4-102}$$

$$\lambda\subset(-1,+\infty),\mu(\varnothing)=0,\mu(F)=0 \tag{4-103}$$

$$\frac{\mu(f_i)}{\mu(f_j)}=\frac{w(f_i)}{w(f_j)} \tag{4-104}$$

式中，$w(f_i)$ 为由网络分析法获得的评价指标的权重；$\mu(f_i)$ 为指标 f_i 的模糊测度；ρ'_{f_i} 为 f_i 对应的 Shapley 值。

设数控机床拆卸方案集合为 $CX=\{CX_1,CX_2,\cdots,CX_m\}$，评价指标集合为 $F=\{f_1,f_2,\cdots,f_n\}$，依据评价指标的定量和定性分析，并结合专家打分策略，求取方案 CX_i 关于评价指标 f_j 的属性值 SZ_{ij}，即可构建数控机床拆卸方案关于各评价指标的决策矩阵，如式（4-105）所示。

$$SZ = \begin{bmatrix} SZ_{11} & SZ_{12} & \cdots & SZ_{1n} \\ SZ_{21} & SZ_{22} & \cdots & SZ_{2n} \\ \vdots & \vdots & & \vdots \\ SZ_{m1} & SZ_{m2} & \cdots & SZ_{mn} \end{bmatrix} \qquad (4\text{-}105)$$

因为数控机床各拆卸方案评价指标间并不具有完全相同的量纲，若按照以上决策矩阵对方案进行排序，则会严重影响评价结果，所以针对以上问题，要对决策矩阵进行转换。其中，效益类型和成本类型的评价指标属性值转换如式（4-106）和式（4-107）所示。

$$CX_i(f_j) = \frac{SZ_{ij} - \min\limits_{1 \le j \le m} SZ_{ij}}{\max\limits_{1 \le j \le m} SZ_{ij} - \min\limits_{1 \le j \le m} SZ_{ij}} \qquad (4\text{-}106)$$

$$CX_i(f_j) = \frac{\max\limits_{1 \le j \le m} SZ_{ij} - SZ_{ij}}{\max\limits_{1 \le j \le m} SZ_{ij} - \min\limits_{1 \le j \le m} SZ_{ij}} \qquad (4\text{-}107)$$

依据以上公式，即可将初始决策矩阵转换为规范化矩阵 $CX(f) = \left[CX_i(f_j) \right]_{m \times n}$。

矩阵 $CX(f)$ 中的每个元素均为数控机床拆卸方案关于评价指标的相应决策值，首先对矩阵中的每行元素依据数值的大小进行排序，并重新标识下标，然后依据式（4-108）计算各拆卸方案模糊积分。依据所求得的模糊积分值的大小即可确定最优的数控机床拆卸方案。

$$C\!\int\! Fd(\mu) = \sum_{i=1}^{n} \left[F(f_{(i)}) - F(f_{(i-1)}) \right] \cdot \mu \cdot A_{(i)} \qquad (4\text{-}108)$$

式中，F 为数控机床拆卸方案关于各评价指标的决策值集合，Θ_F 为 F 的子集；μ 为集合 Θ_F 对应的模糊测度；$A_{(i)} = \{ f_{(i)}, f_{(i+1)}, \cdots, f_{(n)} \}$，$(i)$ 为按 $0 \le F(f_1) \le F(f_2) \le \cdots \le F(f_n)$ 的顺序所对应的下标值。

（3）决策结果 依据数控机床拆卸方案评价指标权重分析计算步骤，首先运用网络分析法分析各评价指标间的关联关系以及相互影响，构建判断矩阵。例如以拆卸绿色性指标中的拆卸成本（G6）为准则，对可拆卸性指标体系中的三个评价指标的相对重要度进行判断，构建判断矩阵见表 4-46 所列。

表 4-46　以拆卸成本为准则的可拆卸性指标间的判断矩阵

(G6)	G1	G2	G3	归一化处理
G1	1	4	1	0.444
G2	1/4	1	1/4	0.112
G3	1	4	1	0.444

按照以上方法可获得可拆卸性指标关于拆卸绿色性指标的相对重要度判断矩阵，通过分析评价指标间的相互影响，可以求解得到数控机床拆卸方案评价指标影响矩阵，依据式（4-96）可构建数控机床拆卸方案评价指标体系的超矩阵。

$$Y' = \begin{bmatrix} 0.296 & 0.323 & 0.507 & 0.341 & \cdots & 0.444 & 0.312 \\ 0.078 & 0.284 & 0.279 & 0.275 & \cdots & 0.112 & 0.221 \\ 0.218 & 0.319 & 0.063 & 0.172 & \cdots & 0.444 & 0.154 \\ 0.408 & 0.074 & 0.151 & 0.212 & \cdots & 0.257 & 0.313 \\ \vdots & \vdots & \vdots & \vdots & & \vdots & \vdots \\ 0.800 & 0.833 & 0.833 & 0.750 & \cdots & 0.750 & 0.800 \\ 0.200 & 0.167 & 0.167 & 0.250 & \cdots & 0.250 & 0.200 \end{bmatrix}$$

获得数控机床拆卸方案评价指标体系的超矩阵后，依据加权矩阵构建方法，经过分析一级评价指标的关联关系及相互影响程度，计算可得如下的加权矩阵 G。

$$G = \begin{bmatrix} 0.636 & 0.665 & 0.371 \\ 0.179 & 0.163 & 0.429 \\ 0.185 & 0.172 & 0.200 \end{bmatrix}$$

依据式（4-98）构建加权超矩阵，对其进行极限运算即可获得各数控机床拆卸方案评价指标的权重，见表 4-47 所列。

表 4-47 拆卸方案评价指标权重

编号	G1	G2	G3	G4	G5	G6	G7	G8
权重	0.197	0.102	0.115	0.107	0.132	0.098	0.133	0.116

依据模糊测度求解步骤，在假设各评价指标相互独立的前提下，再运用 AHP 获取各数控机床拆卸方案评价指标权重。其中，可拆卸性指标权重为 0.268，拆卸效率指标权重为 0.218，拆卸绿色性指标权重为 0.514。同一元素组内的评价指标权重计算过程以拆卸绿色性指标为例，首先建立数控机床拆卸方案，拆卸绿色性指标的判断矩阵见表 4-48 所列。

表 4-48 拆卸绿色性指标的判断矩阵

	G6	G7	G8	归一化处理
G6	1	3	1/4	0.325
G7	1/3	1	1/2	0.140
G8	4	2	1	0.535

经过计算可知以上结果满足一致性检测，按照此方法可以求得数控机床拆卸方案各评价指标的权重（G1~G8）取值分别为 0.029、0.097、0.142、0.109、0.109、0.153、0.216、0.145。获得以上权重后，依据式（4-100）~式（4-104），运用 MATLAB 对其进行求解，获得的模糊测度见表 4-49 所列。

表 4-49　模糊测度

$\mu(f_1)$	0.031	$\mu(f_{16})$	0.135	$\mu(f_{37})$	0.109	$\mu(f_{123})$	0.217
$\mu(f_2)$	0.037	$\mu(f_{17})$	0.121	$\mu(f_{38})$	0.072	$\mu(f_{124})$	0.486
$\mu(f_3)$	0.024	$\mu(f_{18})$	0.074	$\mu(f_{45})$	0.123	…	…
$\mu(f_4)$	0.073	$\mu(f_{23})$	0.120	$\mu(f_{46})$	0.148	$\mu(f_{1234567})$	0.874
$\mu(f_5)$	0.018	$\mu(f_{24})$	0.137	$\mu(f_{47})$	0.132	$\mu(f_{1234568})$	0.743
$\mu(f_6)$	0.042	$\mu(f_{25})$	0.096	$\mu(f_{48})$	0.103	$\mu(f_{1234578})$	0.692
$\mu(f_7)$	0.027	$\mu(f_{26})$	0.143	$\mu(f_{56})$	0.121	$\mu(f_{1234678})$	0.752
$\mu(f_8)$	0.014	$\mu(f_{27})$	0.122	$\mu(f_{57})$	0.076	$\mu(f_{1235678})$	0.543
$\mu(f_{12})$	0.124	$\mu(f_{28})$	0.086	$\mu(f_{58})$	0.071	$\mu(f_{1245678})$	0.712
$\mu(f_{13})$	0.117	$\mu(f_{34})$	0.134	$\mu(f_{67})$	0.129	$\mu(f_{1345678})$	0.698
$\mu(f_{14})$	0.146	$\mu(f_{35})$	0.076	$\mu(f_{68})$	0.097	$\mu(f_{2345678})$	0.703
$\mu(f_{15})$	0.087	$\mu(f_{36})$	0.124	$\mu(f_{78})$	0.069	$\mu(f_{12345678})$	1.000

设本章 4.3.5 节获取的气动装置拆卸方案非支配解集为 $CX = \{CX_1, CX_2, CX_3, CX_4, CX_5\}$，数控机床拆卸方案评价指标组成的集合为 $F = \{f_1, f_2, f_3, f_4, f_5, f_6, f_7, f_8\}$，经过分析计算即可构建各拆卸方案关于评价指标的决策矩阵，并依据效益型和成本型的属性值转换计算式（4-106）和式（4-107）对决策矩阵进行规范化处理，可获得规范化决策矩阵，见表 4-50 所列。

表 4-50　气动装置拆卸方案规范化决策矩阵

	f_1	f_2	f_3	f_4	f_5	f_6	f_7	f_8
CX_1	0.487	0.642	0.806	0.521	0.875	0.806	0.000	1.000
CX_2	1.000	0.597	0.000	0.679	0.548	0.000	1.000	0.000
CX_3	0.638	1.000	0.768	0.000	0.368	0.768	1.000	1.000
CX_4	0.000	0.000	1.000	0.723	1.000	1.000	1.000	1.000
CX_5	0.823	0.723	0.657	1.000	0.000	0.657	1.000	0.000

依据所求得的气动装置拆卸方案关于各评价指标的相应决策值的大小，将决策值进行由小到大排序并重新编排号码，再依据模糊积分计算数学模型，计算各拆卸方案模糊积分值。以气动装置拆卸方案 CX_1 的模糊积分值计算为例，

其对应的各评价指标的决策值由小到大的排序结果见表 4-51 所列。

表 4-51 气动装置拆卸方案 CX_1 决策值排序结果

	f_1	f_2	f_3	f_4	f_5	f_6	f_7	f_8
CX_1	0.487	0.642	0.806	0.521	0.875	0.806	0.000	1.000
排序结果	$f_{(3)}$	$f_{(5)}$	$f_{(6)}$	$f_{(4)}$	$f_{(2)}$	$f_{(7)}$	$f_{(1)}$	$f_{(8)}$

由式（4-108）分析并计算拆卸方案 CX_1 模糊积分值的过程如式（4-109）所示。

$$
\begin{aligned}
(CX_1)\int f\mathrm{d}(\mu) &= \sum_{i=1}^{8}\left[F(f_{(i)}) - F(f_{(i-1)})\right]\cdot\mu\cdot A_i \\
&= \left[F(f_{(1)}) - F(f_{(0)})\right]\mu\left[f_{(1)}f_{(2)}f_{(3)}f_{(4)}f_{(5)}f_{(6)}f_{(7)}f_{(8)}\right] + \\
&\quad \left[F(f_{(2)}) - F(f_{(1)})\right]\mu\left[f_{(2)}f_{(3)}f_{(4)}f_{(5)}f_{(6)}f_{(7)}f_{(8)}\right] + \\
&\quad \left[F(f_{(3)}) - F(f_{(2)})\right]\mu\left[f_{(3)}f_{(4)}f_{(5)}f_{(6)}f_{(7)}f_{(8)}\right] + \\
&\quad \left[F(f_{(4)}) - F(f_{(3)})\right]\mu\left[f_{(4)}f_{(5)}f_{(6)}f_{(7)}f_{(8)}\right] + \\
&\quad \left[F(f_{(5)}) - F(f_{(4)})\right]\mu\left[f_{(5)}f_{(6)}f_{(7)}f_{(8)}\right] + \\
&\quad \left[F(f_{(6)}) - F(f_{(5)})\right]\mu\left[f_{(6)}f_{(7)}f_{(8)}\right] + \\
&\quad \left[F(f_{(7)}) - F(f_{(6)})\right]\mu\left[f_{(7)}f_{(8)}\right] + \\
&\quad \left[F(f_{(8)}) - F(f_{(7)})\right]\mu\left[f_{(8)}\right] \\
&= 0\cdot\mu_{12345678} + 0.464\cdot\mu_{234568} + 0.023\cdot\mu_{34568} + 0.034\cdot\mu_{45678} + \\
&\quad 0.121\cdot\mu_{5678} + 0.164\mu_{678} + 0.069\mu_{78} + 0.125\mu_{8} \\
&= 0.459
\end{aligned}
\tag{4-109}
$$

按照以上方法，即可计算获得数控机床气动装置其他四个拆卸方案（CX_2、CX_3、CX_4、CX_5）的模糊积分值，分别为 0.562、0.594、0.623、0.498，从而可以确定最佳的拆卸方案为 CX_4。但拆卸目的不同，拆卸方案评价指标的权重也会改变，模糊测度和拆卸方案模糊积分的大小也不同，要依据具体情况对拆卸方案进行评价，做出合理的选择。

4.4 本章小结

本章对绿色设计方法集成问题展开了研究阐述。首先介绍了五种单元绿色设计方法；随后提出了基于绿色特征的产品方案设计方法和基于宏—微特征的低碳设计方法，以风机和滚齿机为例验证所提方法的有效性；最后介绍了绿色设计过程中的多目标、多学科设计优化及多属性决策方法，为绿色设计提供有效支撑。从绿色设计方法集成角度出发，以某企业数控机床拆卸设计为例，通过设计拆卸方案并进行方案优化与决策，实现了绿色设计方法的工程实践。

参 考 文 献

[1] 程贤福，周健，肖人彬，等．面向绿色制造的产品模块化设计研究综述［J］．中国机械工程，2020，31（21）：2612-2625.

[2] 顾新建，杨青海．产品模块化是中国成为制造强国的必由之路：解读《机电产品模块化设计方法和案例》［J］．中国机械工程，2018，29（9）：1127-1133.

[3] 陈一哲，赵越，王辉．汽车领域纤维复合材料构件轻量化设计与工艺研究进展［J］．材料工程，2020，48（12）：36-43.

[4] 夏万芝．发动机轻量化工艺及结构解析［J］．内燃机与配件，2019（23）：94-95.

[5] 谢涛，刘静，刘军考．结构拓扑优化综述［J］．机械工程师，2006（8）：22-25.

[6] 赵文涛．复杂车身骨架有限元模型快速构建及其在轻量化设计中的应用［D］．杭州：浙江大学，2016.

[7] 戚赟徽，黄海鸿，刘光复，等．基于动态生命周期的能量分析方法［J］．机械工程学报，2007（8）：129-134.

[8] 曹华军，李洪丞，曾丹，等．绿色制造研究现状及未来发展策略［J］．中国机械工程，2020，31（2）：135-144.

[9] 程鲲，王军锋．论产品拆解与绿色设计方法问题［J］．包装工程，2011（2）：29-32.

[10] 田广东．产品拆解概率评估方法及规划模型研究［D］．长春：吉林大学，2012.

[11] 姚巨坤，朱胜，崔培枝．面向再制造的产品设计体系研究［J］．新技术新工艺，2004（5）：22-24.

[12] 顾新建，顾复．产品生命周期设计［M］．北京：机械工业出版社，2017.

[13] ZHOU LIRONG, LI JIANFENG, LI FANGYI, et al. Energy consumption model and energy efficiency of machine tools: a comprehensive literature review［J］. Journal of Cleaner Production, 2016, 112（5）：3721-3734.

[14] 刘志峰．绿色设计方法、技术及其应用［M］．北京：国防工业出版社，2008.

[15] 王晓伟．面向机电产品方案设计的生命周期评价关键技术研究［D］．济南：山东大学，2011.

[16] 孟强，李方义，李静，等．基于绿色特征的方案设计快速生命周期评价方法［J］．计算机集成制造系统，2015，21（3）：626-633.

[17] 辛兰兰，贾秀杰，李方义，等．面向产品方案设计的绿色特征建模［J］．计算机集成制

造系统 . 2012, 18 (4): 713-718.

[18] 张建普 . 电冰箱全生命周期环境影响评价研究 [D]. 上海: 上海交通大学, 2010.

[19] 王黎明, 李龙, 付岩, 等 . 基于绿色特征及质量功能配置技术的机电产品绿色性能优化 [J]. 中国机械工程, 2019, 30 (19): 2349-2355.

[20] 李钧亮, 王时龙, 王四宝, 等 . 基于工件材料移除率的滚齿机床能耗模型研究 [J]. 中国机械工程, 2020, 31 (21): 2626-2631.

[21] 杨晓东, 贾秀杰, 李方义, 等 . 基于绿色特征的生命周期评价与回溯机制研究 [J]. 制造技术与机床, 2012 (12): 30-34.

[22] 张雷, 杨凯, 张城, 等 . 基于属性映射的产品绿色设计方案优化方法 [J]. 机械工程学报, 2019, 55 (17): 153-161.

[23] 刘电霆, 张全永 . 基于 THDMOPSO 绿色减速器模块划分不确定优化 [J]. 组合机床与自动化加工技术, 2016 (1): 42-45.

[24] 张宪元, 魏巍, 詹洋, 等 . 面向主动回收的产品模块化设计方法 [J]. 中国工程科学, 2018, 20 (2): 42-49.

[25] 周长春, 殷国富, 胡晓兵, 等 . 面向绿色设计的材料选择多目标优化决策 [J]. 计算机集成制造系统, 2008, 14 (5): 1023-1028.

[26] GHARAVI H, ARDEHALI M M, GHANBARI-TICHI S. Imperial competitive algorithm optimization of fuzzy multi-objective design of a hybrid green power system with considerations for economics, reliability, and environmental emissions [J]. Renewable Energy, 2015 (78): 427-437.

[27] 高一聪, 冯毅雄, 谭建荣, 等 . 面向寿命终结阶段的机械产品设计绿色多准则优化 [J]. 机械工程学报, 2011, 47 (23): 144-151.

[28] 张伟林 . 多学科设计优化在悬架设计中的应用研究 [D]. 长春: 吉林大学, 2017.

[29] 王宇, 黄东东, 郭士钧, 等 . 变体机翼后缘多学科设计与优化 [J]. 南京航空航天大学学报, 2021, 53 (3): 415-424.

[30] 张松, 刘斌, 房玉杰 . 数控机床轻量化技术研究进展 [J]. 航空制造技术, 2020, 63 (14): 14-22.

[31] 田杰斌, 方锐, 孟宪明, 等 . 一种基于多学科多目标优化的车辆轻量化正向设计方法: CN202010601926. 1 [P]. 2020-11-13.

[32] 钟自锋 . 基于多学科多目标的后副车架轻量化设计 [J]. 机械设计与研究, 2018, 35 (5): 177-181.

[33] FENG Y X, ZHOU M C, TIAN G D, et al. Target disassembly sequencing and scheme evaluation for CNC machine tools using improved multiobjective ant colony algorithm and fuzzy integral [J]. IEEE Transactions on Systems Man Cybernetics-Systems, 2019, 49 (12): 2438-2451.

[34] TIAN G D, HAO N N, ZHOU M C, et al. Fuzzy grey choquet integral for evaluation of mult-

criteria decision making problems with interactive and qualitative indices [J]. IEEE Transactions on Systems Man Cybernetics-Systems, 2021, 51 (3): 1855-1868.

[35] WANG W J, TIAN G D, ZHANG T Z, et al. Scheme selection of design for disassembly (DFD) based on sustainability: A novel hybrid of interval 2-tuple linguistic intuitionistic fuzzy numbers and regret theory [J]. Journal of Cleaner Production, 2021, 281: 1247401-1247415.

第 5 章

——

绿色设计流程集成

设计流程一般是指从产品需求分析到产品方案最终成型的全过程，设计流程往往直接影响产品的设计研发周期和设计方案的质量。现有的绿色设计缺少系统管理机制，存在流程分散、与现有常规设计不兼容等问题，制约了绿色产品开发效率。绿色设计流程集成的关键是将绿色设计流程与常规设计流程有效结合，形成一套完善的全生命周期设计体系，实现与企业产品的开发设计流程集成。本章在绿色设计数据集成和方法集成的基础上，分别从绿色设计流程的信息流动、协同管理、集成模型构建三个方面详细论述如何开展绿色设计流程集成工作。

5.1 绿色设计流程集成概述

5.1.1 产品设计流程

1. 常规设计流程

常规的产品设计流程一般可分为需求分析、概念设计、方案设计、详细设计四个阶段，如图 5-1 所示。各设计阶段包含大量的设计任务，每个设计任务都可独立完成一些设计活动，包含特定的设计目标、设计主体、设计信息及设计方法等。设计流程是对这些设计任务进行统一管理的过程。

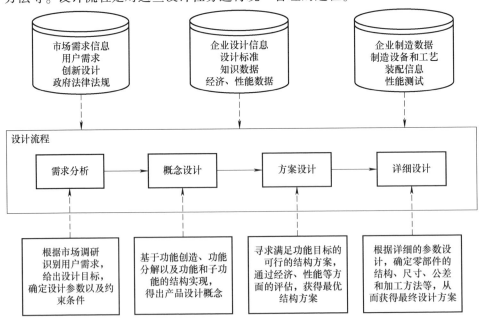

图 5-1　产品常规设计流程图

需求分析：需求分析是产品设计的第一步，主要是在用户需求的基础上明确产品必须具备的功能，确定设计参数以及约束条件，最后给出详细的需求作为设计、评价、决策的依据。

概念设计：概念设计是一个以设计需求为目标，通过虚拟功能结构寻找正确的作用和组合机理等，从而确定基本的求解途径，最终得出设计概念的过程。概念设计是一个由模糊到清晰、由抽象到具体的过程，可对产品进行功能创造、功能分解，并可实现功能和子功能的结构。

方案设计：方案设计以设计概念为基础，寻求满足功能目标的可行的结构设计方案，最终通过经济、性能等方面的评估，获得最优结构方案。在方案设计阶段，产品的主要结构和关键尺寸信息将被确定，初步设计方案将被生成。

详细设计：详细设计是对初步设计方案进行详细的参数设计，确定零部件的结构、尺寸、公差和加工方法等。在这个阶段，设计细化到零件层，功能、经济目标得到深化和实现。详细设计的最终结果是形成满足产品各种设计要求的最终产品设计方案。

2. 绿色设计流程

绿色设计流程是对常规设计流程的延续和发展，其更注重产品的绿色属性，如产品的资源消耗、环境排放等。这就要求其产品设计流程上增加相关绿色设计任务。绿色设计流程始终将产品生命周期的思想贯穿于设计流程中，在设计过程中，需要将生命周期信息及时、准确地反馈至绿色设计任务中，以指导产品设计方案绿色性能的优化与改进。

目前，绿色设计流程中仍存在如下问题，制约着绿色设计在企业中的实际应用。

1）绿色设计流程涉及全生命周期的各阶段信息，但信息共享程度较低，传递机制不明确。

2）绿色设计流程较为分散，缺少系统的流程管理体系。

3）绿色设计流程中包含多个设计任务，各设计任务之间彼此独立、缺少联系，同时设计任务主体复杂且主体关系不明确。

4）在设计流程中，常规设计任务与绿色设计任务之间存在较多冲突，缺少调解机制。

5）绿色设计流程与常规设计流程各成体系，彼此不兼容，难以直接融合。

为克服上述绿色设计流程中存在的问题，亟须形成一套合理的、规范的集成化绿色设计流程，以实现绿色设计流程与常规设计流程的有机集成，促进绿色设计的实际应用。

5.1.2 绿色设计流程集成

流程集成是指为了完成一个或多个目标而进行的基于多学科模型的参数和数据的映射与协调过程。如图 5-2 所示，绿色设计流程集成就是将常规设计流程与绿色设计流程有机融合，对常规设计任务和绿色设计任务进行统筹规划和管理，以并行的思想协同管理产品生命周期中的所有活动，实现产品生命周期中各种设计过程的整体优化，形成一个系统的集成化绿色设计流程。通过综合考虑产品设计中不同阶段的需要，实现各个设计阶段信息的有效共享，以及流程的统一协调与管理。

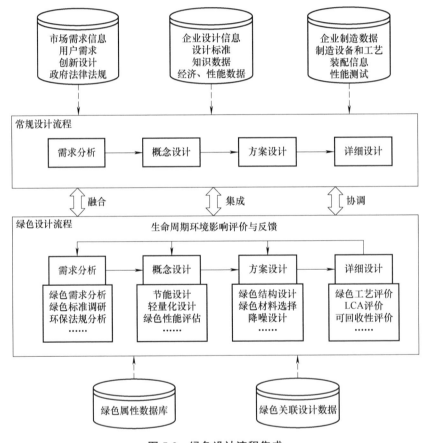

图 5-2 绿色设计流程集成

实现绿色设计流程集成应具备以下条件。

1）互通性。子流程与子流程之间必须在物理上建立通信联系，做到必要的数据共享，这是流程集成的基础。

2）语义一致性。语义一致性是指设计流程之间交换的数据格式、术语和含义的一致性。

3）目标一致性。在设计流程集成中，各子流程的目标有可能会发生冲突，这时应以规定的总体目标为最终的共同目标，必要时应做出让步，放弃部分子流程，以保证总体目标的实现。

4）互操作性。设计流程的结构必须是开放的，各子流程应能根据环境的变化和后续流程的要求改变流程的结构，同时流程也可以根据需要对其他子流程给出指令，启动其运行，以实现总体目标的优化。

通过对绿色设计流程集成的分析与总结，归纳出绿色设计流程集成具有以下特点。

1）绿色设计流程集成面向产品全生命周期，相互关联的产品设计活动要不断交换各种设计信息，注重设计信息的传递与反馈。通过建立绿色设计信息流动机制，在全生命周期内实现信息的控制与反馈。

2）绿色设计流程集成是面向多任务规划与决策的。在整个绿色设计流程内，通过对设计任务需求的动态规划与仿真，实现产品绿色设计流程的统一化、模块化和可视化。

3）绿色设计流程集成是综合多学科的复杂的动态设计过程。它将各种设计知识、方法和技术集成以支撑整个设计流程，使设计产品的整体性能达到最优。

4）绿色设计流程之间没有绝对的界限。绿色设计流程集成是覆盖了多个设计流程的产品生命周期的集成，每个设计阶段都有具体的绿色设计任务，每一设计阶段既是前一阶段的延续和发展，又为后续阶段提供设计依据和方向。

绿色设计流程集成是在绿色设计数据和方法集成的基础上开展的，从设计流程的角度系统化管理绿色设计数据和方法。本章从绿色设计流程信息流动、协同管理以及集成模型构建三方面讲述集成操作，如图5-3所示。

1）在绿色设计流程的信息流动方面，充分考虑从设计阶段到回收阶段的产品全生命周期信息，通过构建绿色设计流程与绿色设计信息的关联关系，建立面向各设计流程的绿色设计信息的提取、调用机制，实现企业内部和外部信息的高效利用。

2）在绿色设计流程的协同管理方面，通过对绿色设计流程中的各设计任务主体范围、典型协同关系形式及协同效应的研究，实现绿色设计多主体协同。通过归纳绿色设计任务与常规设计任务的典型冲突形式及其原理，构建合理的冲突协调机制，以实现绿色设计与常规设计在流程上的融合。

3）在绿色设计流程的集成模型构建方面，基于DSM、Petri网等建模技术，构建绿色设计流程集成模型，实现设计流程可视化，以便于设计人员理解和管理设计流程。

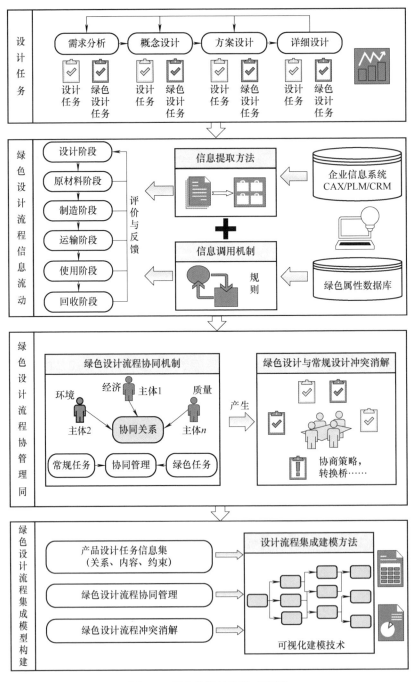

图 5-3　绿色设计流程集成框架

5.2 绿色设计流程信息流动

绿色设计流程集成的前提是绿色设计信息的流动，其核心内容是设计流程中绿色设计信息的提取和调用机制。产品设计流程中包含大量常规设计信息，并以文字、图形、BOM、CAD图档、实体模型、数据库等媒介为载体存在于产品设计各阶段，对产品绿色设计的质量、效率和成本等具有重要的影响。通过充分考虑从设计阶段到回收阶段的产品全生命周期信息，建立绿色设计信息调用、提取机制，完成对企业内部和外部信息的利用，通过对设计资源高效调配，实现设计流程全生命周期信息共享，从而有效支撑绿色设计流程集成。

5.2.1 绿色设计信息来源

绿色设计信息来源于绿色属性数据库的调用及常规设计中绿色设计信息的提取。下面对调用和提取的对象进行介绍。

1. 绿色设计信息调用对象

绿色设计信息的调用指的是从绿色属性数据库内获取产品全生命周期各阶段的资源、能源、环境排放以及场景属性信息的过程。设计人员可以根据产品设计过程中所受影响的各要素，结合产品在设计、制造、使用及报废全生命周期过程中对环境造成的各项影响，从绿色属性数据库中调用相应的绿色设计信息，为产品设计的材料选用、制造工艺、回收利用及无害化处理提供科学的指导和建议。绿色设计信息调用涵盖的资源属性、能源属性、环境排放属性以及场景属性四个方面的详细内容参见第3章3.2.1节。

2. 绿色设计信息提取对象

绿色设计信息的提取指的是从常规设计信息中获取绿色关联设计信息的过程，其主要对象是企业内部PLM、ERP、CRM等系统管理下的各类BOM，以及部分企业外部的用户需求、政策法规信息等。广义的BOM不仅包括产品零件明细表、产品装配结构与配置信息，还涵盖了所描述的物体形态转变中的转变条件和控制的BOM属性信息，包括设计信息、装配信息、成本属性信息等难以从绿色属性数据库中直接调用的蕴含绿色设计特性的常规设计信息，是绿色设计信息提取的基础和主要对象。信息提取的对象一般包含以下内容。

1）管理信息。与产品及其零部件相关的信息，包括产品零部件的名称、代号、数量、技术规范或标准、设计者和供应商以及设计版本等信息。

2）功能质量信息。用于描述产品功能和质量的信息。其中，质量是指产品满足消费者需求的程度，包括实现功能需求的程度（即性能）以及其他非功能需求的实现程度。

3）精度信息。描述产品、零件几何形状和尺寸的许可变动量和误差的信息，主要包括尺寸公差、几何公差和表面粗糙度等信息。

4）几何/拓扑信息。与产品几何实体造型相关的信息，包括决定产品零部件的几何形状与尺寸信息，以及装配元件在最终装配体内的位置和姿态信息等。

5）装配信息。用于描述产品装配层次结构关系以及产品零部件之间的装配约束关系的信息。其中，装配约束关系包括定位关系和装配类型两个子类信息。正是这些装配约束关系才使得产品具有稳定的结构。

6）企业外部信息。用于描述企业外部用户、政府、市场等层面的对于企业产品设计的各项约束信息，包括用户需求信息、政策法规信息、市场发展水平信息等。

5.2.2 绿色设计信息与流程集成

产品绿色设计信息作为重要的设计资源广泛存在于产品设计流程当中，如何提取绿色设计信息并将绿色属性数据集成到产品设计的各个阶段，完成设计资源的高效调配，是实现产品绿色设计流程集成的关键。

绿色设计流程一般由多个子过程构成，每个子过程都包含若干设计任务，以项目组为作业单位完成设计任务的相关要求，并通过工作流描述作业资源调配、任务进展等过程。其中涉及的信息包括产品信息、产品功能开发信息、人员组织信息、活动信息和方案评价信息等。绿色设计流程与绿色设计信息的关联关系如图5-4所示。

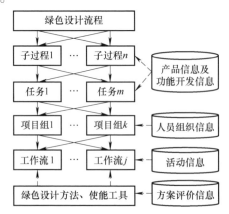

图5-4 绿色设计流程与绿色设计信息的关联关系

1）产品信息描述的是产品零部件组成关系，包括产品零部件的设计信息和产品的中间形态及相关的设计信息，以及相应的设计文档、版本、权限和更新信息，用于支持绿色设计流程划分以及设计任务分配。

2）产品功能开发信息描述的是产品设计需要完成的功能目标和用户需求，以及针对各级设计开发过程需要完成的预计目标的规定信息，用于明确和规范不同设计过程和设计任务的设计目标，实现产品设计过程的功能划分。

3）人员组织信息描述的是组织结构的人员构成，包括人员的项目归属、部门归属和群组归属，以及活动分工、权限分配和责任定义，用于在集成化产品设计中通过明确的任务划分，保证成员之间的协调。

4）活动信息主要描述任务执行的进程状态，是设计过程在执行空间的映射。产品设计活动是一种变换或操作，也就是接收某一类型的输入，在某种规则作用下，利用设备、工具、人员、资金等资源，经过变换或操作转换为输出的过程，用于对设计活动的详细过程进行指导，保障开发设计过程的标准化、规范化，支持设计开发过程的不断优化。

5）方案评价信息主要描述设计方案的各个构成单元满足设计需求的程度。在产品绿色设计流程集成中，方案评价信息体现为产品对于环境的友好程度，可为绿色设计方法与工具的应用提供依据。

在集成化绿色设计流程中，一系列优化决策活动会涉及产品信息、活动信息、人员和组织等信息，通过对绿色设计流程的分析，在绿色设计方法和使能工具的支持下，考虑资源环境属性的种类、特性并进行综合评估，能够在产品设计阶段有效地改善资源消耗和环境影响，最终实现绿色设计流程集成。

产品绿色设计的具体流程主要分为四个阶段：需求分析阶段、概念设计阶段、方案设计阶段和详细设计阶段，各阶段与设计信息之间的关系如图 5-5 所示，其中虚线表示设计流程与不同信息之间的交互。

绿色属性数据库存储的大量绿色设计信息是各设计流程信息集成的重要支撑。同时，由于多数机电产品结构复杂、规格繁多，因此在产品设计流程中还涉及不同信息管理系统下的各类 BOM，如 PLM 中的设计 BOM、工艺 BOM，ERP 中的计划 BOM、制造 BOM、成本 BOM，CRM 中的回收 BOM 等。这些 BOM 主要来源于 CAD 等数字化设计系统、MES（制造执行系统）等不同的信息系统，并与产品的全生命周期阶段相关联，通过绿色设计信息调用与提取等方法为产品绿色设计流程的不同阶段提供信息支持。

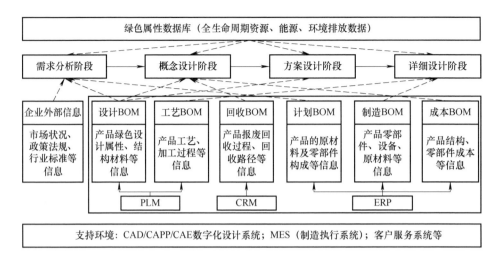

图 5-5　绿色设计各阶段与设计信息之间的关系

5.2.3　绿色设计信息调用与提取

1. 绿色设计信息调用

绿色设计信息的调用主要是通过交互方式在绿色设计集成平台系统下选择目标信息所属的绿色属性数据库，进而利用系统自动完成绿色设计信息调用的过程。在绿色设计的不同阶段，调用的信息对象和内容存在较大差异。

（1）需求分析阶段　主要对绿色属性数据库内的行业标准、政策规定等的排放约束信息、场景属性信息进行检索利用。在此阶段，大量用户信息以及政策规定信息往往难以以数据的形式存储于数据库中，因此针对需求分析阶段的绿色设计信息的获取主要集中于信息提取过程。

（2）概念设计阶段　主要是针对绿色属性数据库中的各项功能结构所产生的资源、能源、环境排放及场景属性信息的量化数据的调用。通过对数据库的检索调用，为概念设计阶段的功能划分和结构实现提供决策支持。

（3）方案设计阶段　主要是针对不同设计方案的结构形式、零部件构成等相应的资源、能源、环境排放及场景属性信息从绿色属性数据库中进行检索调用，为绿色设计方案提供可持续设计制造层面的设计基础。

（4）详细设计阶段　主要是针对产品制造过程中的生产工艺信息进行检索调用，包括材料选用、工艺调整等，同样也包含资源、能源、环境排放及场景属性信息四个方面。由于详细设计阶段需要零部件制造加工过程信息的支撑，如大量的环境排放、资源消耗等信息，因此该阶段也是绿色设计信息调用的重点阶段。

▶▶ **2. 绿色设计信息提取**

由于常规设计过程需求的信息与绿色设计信息存在一定差异，因此还需要对常规设计信息进行绿色设计特性的识别，进而从产品的常规设计信息中提取绿色设计信息，共同支持产品绿色设计。结合各阶段的绿色设计重点，绿色设计信息的提取过程主要包括以下几个阶段。

（1）需求分析阶段 绿色设计信息的提取主要体现在企业与外部环境的信息交互上，信息提取对象包括市场发展状况、产品水平、绿色发展政策法规及行业标准等外部需求信息，以及设计 BOM 和计划 BOM 中的产品设计需求与计划信息。通过产品多尺度需求信息分析方法，考虑市场调研、企业策略、竞争企业和环保部门等不同层面以及不同领域的人员对产品设计需求的偏好情况，汇总并收集需求分析阶段从行业到用户的多尺度需求信息，之后进行信息检索与识别，对具备绿色设计特性的信息进行标记，提取绿色设计信息。

（2）概念设计阶段 为完成概念设计阶段绿色设计过程中的产品功能创造、功能分解以及功能和子功能的结构确定工作，需要用到设计标准、产品信息、知识数据等信息，这些设计信息包含在设计 BOM、回收 BOM、成本 BOM 当中。在目标绿色设计信息明确后，对获取的常规设计信息进行检索分析，识别是否包含绿色关联常规信息，并进行绿色设计信息的提取。这里以某机电产品概念设计阶段的驱动功能为例，驱动功能可以通过柴油机或电动机实现。通过信息检索，检索其中蕴含的驱动功能结构、能源驱动类型等常规设计信息。在对信息识别及分析后，发现仅有能源驱动类型具有绿色设计特性，可以作为该过程中的绿色设计信息提取出来，用于后续的产品绿色设计流程。

（3）方案设计阶段 相关的设计信息主要用于描述产品与各个结构、零部件之间的构成和数量关系，其主要来源于产品的设计 BOM。在方案设计阶段，以概念设计阶段的功能分解为基础，按照独立性原则及协调一致原则对产品进行映射、分解、研究。抽象归纳后，产品设计方案一般可划分为功能、结构、零部件三个层次。在从功能到零部件的每一层常规设计信息中，都蕴含对产品进行绿色设计所必需的信息。针对方案设计阶段的各个层次，以绿色设计特性为判断依据，识别当前的常规设计信息是否具有绿色设计特性，提取当前层级的绿色设计信息，汇总归纳即得方案设计阶段的绿色设计信息。

（4）详细设计阶段 详细设计阶段作为绿色设计流程的终端，包含了大量的常规设计信息（零件模型信息、装配模型信息、拆卸模型信息，以及对工艺流程、加工路径、装配路径、拆卸路径等进行说明的文件类信息等），这些设计信息主要来源于制造 BOM、工艺 BOM，是绿色设计信息提取的主要阶段和重要流程。在该阶段，针对 BOM 中的零部件结构、设备、加工工艺等常规设计信息进行绿色设计特性的识别，提取绿色设计信息。这里以加工工艺为例，某机电产品的关键零部件加工过程涉及设备使用信息、设备损耗信息、工艺能耗信息、辅料消耗信息以及工艺质量信息等。对当前的常规设计信息进行判断识别，发现工艺能耗信息以及辅料消耗信息具有绿色设计特性，可以作为该过程的绿色设计信息被提取出来，用于产品绿色设计流程。

3. 绿色设计信息调用、提取流程

结合绿色设计信息的提取、调用机制，产品绿色设计信息的提取、调用流程如图 5-6 所示，其中虚线表示流程与不同信息之间的交互。

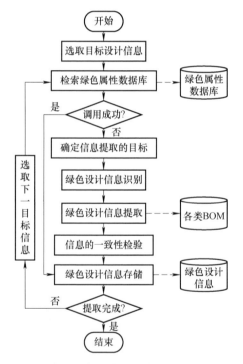

图 5-6　产品绿色设计信息的提取、调用流程

在绿色设计信息提取、调用的过程中，首先需要明确设计流程所需的绿色设计信息，在绿色属性数据库内进行信息识别检索，调用绿色属性数据库中存储的资源、能源、环境排放与场景属性数据。如果目标信息在绿色属性数据库中未能成功检索，则在各设计流程进行所需绿色设计信息的提取。以设计流程为依据，明确绿色设计信息来源。绿色设计信息的主要提取对象为各类信息管

理系统下的 BOM 信息。对目标 BOM 的常规设计信息进行信息识别分析，选取相关绿色设计信息后进行信息提取，并进行信息的一致性检验，确保与绿色设计需求信息相一致，并完成该次绿色设计信息的提取。若未完成，则重复上述流程直至结束。

5.3 绿色设计流程协同管理

将绿色设计流程与常规设计流程进行集成，会对现有设计流程产生影响。在设计流程的某些阶段中往往会同时包含绿色任务和常规任务，这已超出了单个设计主体的工作能力和范围，需要借助多个设计主体来共同完成这个任务。另外，这些设计任务之间往往会存在矛盾，需要平衡考虑各设计任务的需求。因此，如何从系统的角度对整个设计流程进行协同管理，是绿色设计流程集成的关键问题之一。

本节所提出的绿色设计流程协同管理包含以下两部分内容。

1）建立绿色设计流程协同机制，对绿色设计流程中所涉及的设计任务和设计主体进行协同组织。

2）针对协同过程中各设计任务之间的矛盾，构建冲突消解方法。

通过上述两部分内容的实现对绿色设计流程进行协同管理，可为后续绿色设计流程集成建模提供支撑。

5.3.1 绿色设计流程协同机制

1. 协同相关概念

协同是人们通过联合不同专业、领域的人员，组成可以共同完成某项目或工作的团队，团队成员之间能够相互协助配合，协同一致地完成某一目标的过程或能力。

绿色设计流程的协同管理以并行工程思想为核心，在产品设计阶段就考虑产品全生命周期中各种因素的影响，全面评价产品设计，以达到设计中的最优化，从而最大限度地消除隐患。因此，涉及产品整个生命周期的各个不同设计主体必须协同工作。在产品的设计阶段，不仅设计人员要进行讨论，协调产品的设计任务，而且工艺、制造、质量等后续人员或部门也要参与产品设计工作，对产品设计方案提出修改意见。

归纳起来说，绿色设计流程协同具有以下几方面的特性。

（1）多主体性　设计流程协同涉及多个设计主体、设计项目小组、设计学科以及设计成员等，这些设计主体组成了产品的设计团队。

（2）分布性　产品协同设计团队是由异地分布的一些设计小组或成员所组成的，通过交换、共享产品设计信息，协同完成产品设计任务。

（3）并行性　各设计小组或成员所进行的设计活动具有相对的独立性，在一定的条件下可以在同一个时间内同步执行，以提高产品设计的效率。

（4）协调性　各设计小组或成员协同开发同一个产品，他们的设计决策应该彼此协调，设计结果也应为各方所接受，以获得产品性能、设计时间、环境影响及成本等之间的最佳匹配。

（5）合作性　协同设计强调设计成员之间的有效合作、资源共享、优势互补，通过融合不同领域、位置的设计人员的知识和经验，提高设计决策的正确率，进而提高设计的效率，快速完成产品改造和新产品开发。

2. 绿色设计流程的协同机制分类

产品的绿色设计流程从最初的需求分析阶段到最终的详细设计阶段，整个设计流程内包含大量设计任务，这些设计任务既是独立存在的，又是相互关联交叉的。此外，在绿色设计流程中要同时从生命周期的角度考虑各主体的设计目标，以满足各主体需求。因此，设计流程的协同形式不仅是设计阶段的设计任务协同，也是生命周期阶段的设计主体协同。

（1）设计阶段的设计任务协同　由于产品绿色设计流程要求在各个设计阶段都充分考虑产品的绿色属性，因此，在设计阶段内的各设计任务中都需要综合绿色属性与常规属性，对两种属性综合评估和决策，以获得最优设计方案，这就需要相关设计任务之间的协同工作。例如，对于需求分析阶段，市场调查人员和分析人员在探测消费倾向和用户需求的基础上，还需要对绿色设计标准、环境法律法规等绿色属性需求进行调研。产品设计部门在做出设计决策之前，为取得经营决策的依据，需要将产品常规需求和绿色需求进行协同分析，以确定设计决策的可行性。

产品设计流程的各设计阶段之间往往是相互影响的，需要从整体的视角来权衡和确定此阶段设计方案的性能属性和绿色属性，并充分协调各设计阶段相互之间的任务对接关系，组织系统进行约束和验证，最终形成整体的协同。例如，在详细设计阶段，所设计的方案难以满足绿色属性需求，此时需根据实际问题向相关上一阶段（方案设计阶段）或更上层阶段（概念设计阶段或需求分析阶段）进行及时的反馈以及给出修改建议。该过程是往复的、耦合形式的。

（2）生命周期阶段的设计主体协同　绿色设计流程需要从产品生命周期角度去考虑产品的性能、成本及绿色属性，对每个设计任务都需要从产品生命周期角度考虑对产品潜在的影响。在产品整个生命周期的各阶段涉及多个设计主体，包括制造商、运输商、用户、回收商等。不同的设计主体对于同一个设计任务的需求各异，这就需要对这些设计主体进行统一的协同管理，综合考虑各设计主体间的设计需求。例如，对于产品整体尺寸的设计任务，需要综合考虑产品的可制造性、运输的便捷性、用户的使用习惯以及可回收性等不同的设计需求的协同，以平衡各设计主体，从而达成互利共赢。

5.3.2 绿色设计流程的冲突消解

在产品设计流程中包含了大量的设计任务，在进行绿色设计流程集成时，这些设计任务之间往往会存在冲突问题，而对于这些设计冲突的消解是绿色设计流程集成顺利实施的必要条件之一。当设计人员执行绿色设计任务时，会将设计的重点放在产品的绿色性能上，而在绿色性能提高的同时，可能会使产品的其他性能降低，从而与其他设计任务间产生冲突。同时，绿色设计任务间也可能产生冲突。此外，由于绿色设计流程跨度长、是从生命周期角度来考虑产品综合性能的、不同的阶段对于设计任务的需求不同，必然会产生矛盾和冲突。因此，绿色设计流程集成的冲突主要有两方面：一是绿色设计任务与常规设计任务的冲突，二是绿色设计任务之间的冲突。目前对于这些设计冲突的消解方法有基于协商策略和基于转换桥的冲突消解等。

1. 基于协商策略的绿色设计冲突消解

在绿色设计流程集成时，由于涉及多个设计任务，因此往往无法在多任务之间达成一致，此时就需要启动协商策略，通过协商来消解任务间的冲突，从而达成一致。而不同的设计目标存在差异，不同的设计人员用自身的专业知识、设计准则和经验来设计开发产品，从而最大限度地满足本设计任务的目标，但由于他们设计的是同一个产品，他们所关注的只不过是产品的不同侧面，不可能完全独立，因此必然存在着相互制约的关系。某个设计行为既会影响本设计任务的目标，也会对其他设计任务的目标产生影响，因而任务间难免产生冲突。另外，不同的任务从自身角度出发而获得的局部最优与系统全局最优之间也可能存在矛盾，可通过协商来消解任务间的冲突，并实现局部目标与全局目标间的协调，得到所有任务均认可的折中方案。

（1）协商策略的特点 由于不同的任务在设计目标、知识背景、设计意图及策略等方面存在差异，所以在绿色设计流程中，不可避免地会产生冲突，需要通过协商来消解争议和冲突。绿色设计流程中的协商策略具有如下特点。

1）合作竞争性。绿色相关学科与其他学科都力图追求自身目标的最优化，所以相互之间必然存在竞争性，但设计人员同时也拥有共同的目标，那就是顺利地完成产品设计任务，开发出满足用户功能需求的产品，因为只有如此，所有参与方才能从中获得收益。如果设计的有问题或是失败，那么他们中的一部分或全部非但不能获益，还要承担相应的损失。为了避免失败带来的损失，设计人员将共同合作以便产品设计任务顺利完成，所以不同学科间的关系属于合作竞争关系。

2）专业依赖性。各学科都拥有自身的专业知识背景，利用自己的专业知识来设计产品，去实现自身的学科目标。比如工业设计人员关注产品造型和外形美观，机械结构设计师关注产品结构的工艺性，强度设计师关注产品的强度性能，环境设计师则关注产品的生命周期环境影响等。而某学科的专业知识一般难以被其他学科的设计人员所了解和掌握，这就造成设计人员彼此之间在知识上的盲点，对协商造成了困难。

3）折中妥协性。各学科设计人员的设计之间是互相影响的，某学科设计人员目标的实现不仅取决于自身的设计行为，还依赖于其他学科设计人员的设计行为。各学科设计人员均追求扩大自身的目标优势，但若超过了一定的限度，则将会严重损害其他学科设计人员的目标实现，从而影响学科设计人员间的合作性。由于这个特性，各学科设计人员难于得到各自目标的最优值，各学科设计人员间需要做出让步与妥协，通过降低各自目标的满意度水平，来产生彼此设计结果的交集，从而获得各学科设计人员均满意的设计方案。

4）多域性。产品最终是以物理结构的形式表现出来的，描述物理结构的所有属性参量则构成了产品的物理域。而各学科追求的功能目标则构成了产品的目标域，目标是物理属性的函数。从单个学科来说，就是要在物理域中确定一点，使映射到功能域的学科目标值达到最优化。但从多学科协同设计来说，由于上述的合作竞争性和折中妥协性，各学科设计人员可能难于得到各自目标的最优值，而是达到各自目标的一定满意度水平，所以需要引入满意度域。它是目标的函数，是对目标满足程度的一种衡量。

5）全局性。参与协同设计的所有学科设计人员均须注重全局目标，在学科设计人员的局部目标与全局目标发生冲突时须做出合理的选择。全局目标相对于局部目标来说更为重要，为了保证全局利益，可以适当牺牲局部利益。

（2）协商策略的方式　协商的方式有直接协商、裁定和辅助协商几种。对多设计人员间的协商来说，由于具有专业依赖性的特点，设计人员间相互理解困难，直接协商会使协商迭代冗长，甚至无法达到一致。由仲裁者裁定一种解决方案，由于未能充分反映各设计人员的设计意图，设计人员间也缺乏交流，所以裁定的方式可能难于使各方满意。辅助协商通过引入协商方案来引导设计人员间的协商过程，使他们注重全局效益，使协同重于竞争，并给出推荐方案，但决策权还是留给各个领域设计人员。在实际应用中，可能需要综合应用这几种方式。

（3）协商策略的流程　如图 5-7 所示，协商过程可分成以下四个阶段：①发起协商阶段：首先确定待协商的问题集，明确协商问题是否在一个层面上，其次搜寻各设计人员给出的经验方案。②评判阶段：各设计人员对方案进行评价，当该阶段出现全体满意的解时，协商即可结束。③指标放松阶段：当协商者无法取得全体满意的解时，如果指标可以放松，则进入指标放松阶段。指标放松后，进入评价阶段，由各个协商者评价是否有各设计人员均能接受的设计解。④协商层次转换：协商可以在不同层次上进行，如方案层、结构层、需求层等，如果在指标放松后，仍找不到满意解，此时需要进行层次转换，转换到别的层次重新进行协商。

一般说来，一个协商框架包括以下四个部分。

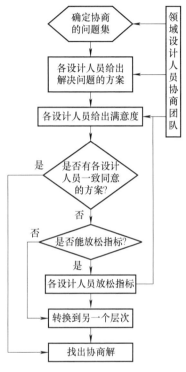

图 5-7　协商策略流程

1）协商建议的集合。表示参与协同设计的各设计人员可能提出的建议的空间，对多学科协同设计来说，各学科设计人员从自身的目标考虑，对设计对象的属性取值有其期望的范围，所提建议也总是在其期望的范围之内。

2）协商协议。表示参与协同设计的各设计人员间的交互规则的集合，包括协商者的允许类型（如协商参与者和协商管理者等）、协商事件（如开始、中止、继续和完成等）和协商中各方的合法行为（如建议的合法性、建议格式的语法规定和消息传递规则等）。对于一个协商协议，设计人员往往希望包含一些性质，诸如个体理性、稳定性、简洁性和分布性等。

3）协商策略。包括各设计人员所采取的策略和总体的协调策略。设计人员所采取的策略决定将会提出什么建议，通常设计人员所采取的策略是保密的，不向其他协商参与者公开。参与协同设计的各设计人员拥有共同的目标，总体的协调策略就是对各设计人员间的设计进行协调，既保证各设计人员的效用，又保证总体目标的效用。

4）终止规则。终止规则决定在什么情况下中止协商（如协商时间过长或协商的轮次过多等）和在什么情况下达成一致而完成协商。

▶▶ 2. 基于转换桥的绿色设计冲突消解

设计冲突的产生原因复杂，涉及领域知识多样，目前的冲突消解方法仍不够完善和实用，主要表现在：冲突问题的数学表达不够合理，有些冲突问题是由于抽象建模不合理引起的；设计冲突问题的消解研究大多侧重于给出建议性和指导性帮助，与产品设计领域知识的有效融合需进一步加强；绿色设计中的冲突问题比较明显，是制约绿色设计实施的瓶颈，并且缺乏针对性的消解方法与技术。

基于此，通过将可拓学中的转换桥方法引入绿色设计冲突消解研究，针对绿色设计中的冲突问题进行基元形式化模型表达，构建冲突问题定量描述与消解的转换桥共存度函数和转换桥可拓变换函数，并给出基于转换桥模型的冲突消解策略及冲突消解的基本步骤与流程。

（1）绿色设计对立冲突问题的基元形式化模型定义

定义 1：设 P 表示产品绿色设计流程中的对立冲突问题，g_1 与 g_2 表示需要实现的绿色设计目标，即在产品设计中需要增加的绿色属性；l 表示为实现绿色属性，产品应具有的材料、结构、连接等具体参数。假设在条件 l 下，若目标 g_1 与 g_2 不能同时满足，则称问题 $p = (g_1 \wedge g_2) \uparrow l$ 为绿色设计对立问题的基元形式化模型，其中 g_1、g_2 和 l 都是 n 维基元，符号"$\uparrow$"表示对立关系，"$\downarrow$"表示共存关系，如式（5-1）~式（5-3）所示。

$$g_1 = \begin{bmatrix} O_1 & c_{11} & v_{11} \\ & \vdots & \vdots \\ & c_{1n} & v_{1n} \end{bmatrix} \tag{5-1}$$

$$g_2 = \begin{bmatrix} O_2 & c_{21} & v_{21} \\ & \vdots & \vdots \\ & c_{2n} & v_{2n} \end{bmatrix} \tag{5-2}$$

$$l = \begin{bmatrix} O_l & c_{l1} & v_{l1} \\ & \vdots & \vdots \\ & c_{ln} & v_{ln} \end{bmatrix} \tag{5-3}$$

式中，O_1、O_2、O_l 分别为 g_1、g_2、l 的基元对象；$c_{11}, c_{12}, \cdots, c_{1n}$，$c_{21}, c_{22}, \cdots, c_{2n}$，$c_{l1}, c_{l2}, \cdots, c_{ln}$ 分别为相应基元对象对应的特征；$v_{11}, v_{12}, \cdots, v_{1n}$，$v_{21}, v_{22}, \cdots, v_{2n}, v_{l1}$，

$v_{l2}, \cdots, v_{ln}$ 分别为对象关于特征对应的量值。如果是多目标和多条件的情况，则对立问题基元形式化模型可记为 $p = (g_1, g_2, \cdots, g_m) \uparrow (l_1, l_2, \cdots, l_m)$。

（2）绿色设计对立冲突问题消解转换桥方法　在产品绿色设计中，对立冲突问题的求解过程可以看作是对不同系统之间联系和转换途径的寻找、构建。转换桥方法可以形式化解决这一问题，尤其是在相异领域知识的系统之间，转换桥的建立更具有重要意义。其主要策略是利用"各行其道，各得其所"的思想，采用连接或分割的方式构建转折和转换通道，将任意两个或多个对立系统转换为共存，并以双方共赢的方式消解设计中的冲突问题。通过设置恰当的转换桥，使对立系统的冲突目标关于各自的指标体系或运行规则在结合部转换为共存目标，是将创造性思维过程形式化的一种新方法。如图 5-8 所示，深圳与香港的交通系统运行规则不同，深圳汽车靠右行驶，

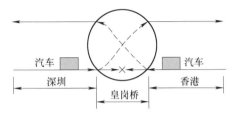

图 5-8　转换桥原理示意图

香港汽车靠左行驶，两个不同的系统直接连接在一起会产生撞车和交通阻塞。而连接两个城市的皇岗桥则起到了转换桥的作用，使两个对立冲突的系统实现共存。

绿色设计中的转换桥主要由转折部（Z）和转换通道（J）构成，记作 $B(G_1, G_2 = ZJ)$。其中，转折部（Z）主要由化解冲突问题为共存问题、相容问题的转折目的和转折条件构成，其主要类型包括连接式转折部和分隔式转折部两种。

定义 2：假设在绿色设计中，由于产品绿色属性的引入而导致产品存在两个（或多个）相互冲突的系统 S_1 和 S_2，若进行组合变换（T），可以构建部分 Z，使 S_1 和 S_2 转换成可共存的相容系统 S，则称 Z 为 S_1 和 S_2 的连接式转折部，记作 $T(S_1, S_2) = S_1 \oplus Z \oplus S_2 = S$。根据连接式转折部构成基元的不同，分为对象连接式转折基元、特征连接式转折基元和量值连接式转折基元。

定义 3：假设在绿色设计流程中，由于产品新绿色属性的引入而导致原产品系统 S 产生冲突问题，若进行分解变换（T），可以构建把系统 S 分隔成子系统 S_1 和 S_2 的部分 Z，并使系统 S 中的冲突问题得以解决，则称 Z 为系统 S 的分隔式转折部，记作 $TS = S_1 | Z | S_2$。根据分隔式转折部构成基元的不同，分为对象分隔式转折基元、特征分隔式转折基元和量值分隔式转折基元。

定义 4：从原基元通过变换到达转折部的过程称为转换通道，分为蕴含通道和变换通道。其中，蕴含通道是指利用基元的蕴含关系构造的目标变换通道，而变换通道是指利用基元变换关系构造的限制或条件变换通道。

（3）绿色设计对立冲突问题消解的转换桥共存度函数与可拓变换函数　转

换桥共存度函数能够定量地衡量、比较在产品零部件属性、参数条件下的多个设计目标的共存程度，并能够以此为工具把产品零部件划分为不同的集合。具体定义如下所述。

定义5：在绿色设计中，设 U 为论域，表示产品全部零部件，u 为 U 中的任一元素，K 是 U 到实域 I 的一个映射，并且 $E(\boldsymbol{T})=\{(u,w)\,|\,u\in T_U U,\ w=K(u)\in I\}$ 为论域 U 上的可拓集，则称 $w=K(u)$ 为 $E(\boldsymbol{T})$ 的转换桥共存度函数。具体如式（5-4）所示。

$$K(u)=K(x)\wedge K(y) \tag{5-4}$$

式中，x，y 为论域 U 中元素 u 的两个设计特征；$\wedge$ 为可拓与运算符号，表示取小；$K(x)$，$K(y)$ 为设计特征 x，y 的关联度，分别如式（5-5）、式（5-6）所示。

$$K(x)=\begin{cases}\dfrac{\rho(x,\ x_0,\ X_0)}{D(x,\ X_0,\ X)}-1 & \rho(x,\ X)=\rho(x,\ X_0),\ x\notin X_0\\[3mm]\dfrac{\rho(x,\ x_0,\ X_0)}{D(x,\ X_0,\ X)} & \text{其他}\end{cases} \tag{5-5}$$

$$K(y)=\begin{cases}\dfrac{\rho(y,\ y_0,\ Y_0)}{D(y,\ Y_0,\ Y)}-1 & \rho(y,\ Y)=\rho(y,\ Y_0),\ y\notin Y_0\\[3mm]\dfrac{\rho(y,\ y_0,\ Y_0)}{D(y,\ Y_0,\ Y)} & \text{其他}\end{cases} \tag{5-6}$$

式（5-5）和式（5-6）中，X，X_0，Y_0，Y 为论域 U 中元素 u 的两个设计特征的四个取值区间；$\rho(x,\ x_0,\ X_0)$ 为元素 u 的特征 x 对于设计目标区间 X_0 的满足程度，x_0 表示最佳设计值；$\rho(y,\ y_0,\ Y_0)$ 为元素 u 的特征 y 对于设计目标区间 Y_0 的满足程度，y_0 表示最佳设计值；$D(x,\ X_0,\ X)$ 为元素 u 的设计特征 x 对于整个设计区间的满足程度；$D(y,\ Y_0,\ Y)$ 为元素 u 的设计特征 y 对于整个设计区间的满足程度。

根据转换桥共存度函数 $w=K(u)$ 可以把产品零部件元素论域分为三个部分，正域 V_+、负域 V_- 和零域 V_0，如图 5-9 所示。其中，$V_+=\{u\,|\,u\in U,K(u)>0\}$ 表示在设计流程中不产生冲突问题的元素集合，$V_-=\{u\,|\,u\in U,K(u)<0\}$ 表示在设计流程中会产生冲突问题的元素集合，$V_0=\{u\,|\,u\in U,K(u)=0\}$ 表示条件不同时 V_+ 和 V_- 都有可能的元素集合。

转换桥可拓变换函数是指可以通过一系列可

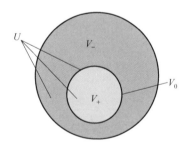

图 5-9　根据共存度函数
论域划分示意图

拓变换把可拓集正域中的元素转换到负域或把负域中的元素转换到正域的变换工具。可拓变换可把一个对象变换为另一个对象，或者分解为若干对象，具体如下所述。

定义 6：在绿色设计中，设 U 为论域，表示产品全部零部件，u 为 U 中的任一元素，K 是 U 到实域 I 的一个映射，$T = (T_U, T_k, T_u)$ 是给定的变换，并且 $E(T) = \{(u, w, w') \mid u \in T_U U, w = K(u) \in I, w' = T_k K(T_u u) \in I\}$ 为论域 U 上的可拓集，则称 $T = (T_U, T_k, T_u)$ 为 $E(T)$ 的转换桥可拓变换函数。具体如式（5-7）所示。

$$T = (T_U, T_k, T_u) = \begin{bmatrix} O_T & c_{T1} & v_{T1} \\ & c_{T2} & v_{T2} \\ & c_{T3} & v_{T3} \\ & c_{T4} & v_{T4} \\ & c_{T5} & v_{T5} \\ & c_{T6} & v_{T6} \\ & c_{T7} & v_{T7} \\ & \vdots & \vdots \end{bmatrix} \tag{5-7}$$

式中，T_U 为对论域的变换；T_k 为对共存度函数的变换；T_u 为对论域中元素的变换，对元素的变换又可细分为对基元 O 的变换、对特征 c 的变换，以及对量值 v 的变换，记作 $T_u = (T_O, T_c, T_v)$；O_T 为变换对象名称；c_{T1}，c_{T2}，$\cdots$，c_{Tn} 为实施变换的特征，包括支配对象、接受对象、变换结果、实施工具、方式、时间等；v_{T1}，v_{T2}，$\cdots$，v_{Tn} 为所对应变换特征的量值。

要使对立问题转换为共存问题，关键在于寻找变换，以使问题的共存度 $K(u)$ 从不大于 0 变为大于 0。基于转换桥的可拓变换函数可把处于 V_- 中的元素转换到 V_+ 中，使原来系统的冲突问题得以消解。根据转换桥可拓变换函数可以把正域 V_+、负域 V_- 中能够相互转换的元素分离出来，分别称为正可拓域 V'_+ 和负可拓域 V'_-，这样整个论域就可以分为正稳定域（V_+）、负稳定域（V_-）、正可拓域（V'_+）、负可拓域（V'_-）和拓界（V_0）五个部分，分别如式（5-8）~式（5-12）所示。

$$V'_+ = \{u \mid u \in U, y = K(u) \leqslant 0, y' = K(T_u u) > 0\} \tag{5-8}$$

$$V'_- = \{u \mid u \in U, y = K(u) \geqslant 0, y' = K(T_u u) < 0\} \tag{5-9}$$

$$V_+ = \{u \mid u \in U, y = K(u) > 0, y' = K(T_u u) > 0\} \tag{5-10}$$

$$V_- = \{u \mid u \in U, y = K(u) < 0, y' = K(T_u u) < 0\} \tag{5-11}$$

$$V_0 = \{u \mid u \in U, y' = K(T_u u) = 0\} \tag{5-12}$$

式（5-8）~式（5-12）中，V'_+ 为论域 U 关于变换 T_U 的正可拓域；V'_- 为论域 U 关于变换 T_U 的负可拓域；V_+ 为论域 U 关于变换 T_U 的正稳定域；V_- 为论域 U 关于变换 T_U 的负稳定域；V_0 为论域 U 关于变换 T_U 的拓界。

其中，正稳定域 V_+、负稳定域 V_- 表示在可拓变换 T 的作用下，其元素对绿色设计中目标共存度的影响不发生质的变化；正可拓域、负可拓域表示在可拓变换 T 的作用下，其元素对绿色设计目标的共存度能够发生质的变换；拓界表示稳定域与可拓域划分的量值界线。具体如图 5-10 所示。

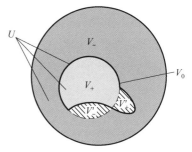

图 5-10　根据可拓变换函数
对论域的划分示意图

在产品绿色设计流程中，根据转换桥共存度函数和转换桥可拓变换函数，把设计冲突间的影响因素划分为不同的部分，以共存度函数作为衡量冲突问题消解结果，以可拓变换函数作为进行冲突问题消解的主要手段。

（4）绿色设计对立冲突问题消解的基本策略与流程　采用转换桥方法进行绿色设计中对立问题的消解，关键在于合理确定转换桥的位置、方式以及具体的设计参数。根据对立问题的共存度概念，要使对立问题转换为共存问题，需要根据转换桥可拓变换函数进行可拓变换，以使对立问题的共存度从不大于 0 变换为大于 0。

1）基于转换桥的对立问题消解策略。绿色设计对立问题的形式化模型主要包括两部分，一是目标基元，二是条件基元。因此，对立问题的消解策略主要包括对目标基元和条件基元的可拓变换，主要策略包括以下三种方法。

① 实施对条件 L 的变换 T_L。以形成转折部或变换通道实现目标所必需的量域限制，通过改变产品零部件具体结构参数或装配关系实现条件 L 的变换，使对立问题转换为共存问题。

② 实施对目标 (G_1, G_2) 的变换 (T_{G_1}, T_{G_2})。以产品零部件条件能提供的量域为限制，以设计目标中与条件相应的基元为对象建立可拓集合，进而寻找变换，形成转折部或蕴含通道，使不相容问题转换为相容问题。

③ 同时实施对条件 L 和目标 (G_1, G_2) 的变换。形成转折部或转折通道、蕴含通道，转换对立问题为共存问题。

2）基于转换桥的对立问题消解策略流程。基于转换桥的绿色设计对立问题消解主要包括设计中对立问题的形式化表达，转换桥共存度函数和可拓变换函数的构建，以及转换桥具体结构、形状、参数的设定，详细流程如图 5-11 所示。

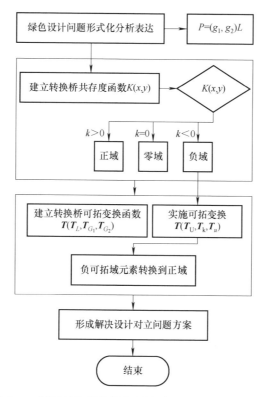

图 5-11　基于转换桥的绿色设计对立问题消解策略流程

5.4　绿色设计流程集成模型构建

　　产品设计流程集成模型是设计流程的规范化表现，也是指导设计人员进行产品设计的核心基础之一。产品设计流程集成模型构建非常复杂且具有挑战性，在现有的新产品设计过程中存在许多产品设计失败的情况。这些失败的设计是由多种原因造成的，但在其中一些案例中可以发现，失败的主要原因可以归咎于错误的设计流程模型。如何对设计流程进行集成模型构建是决定产品设计成功与否的重要影响因素之一。尽管现在存在许多已成功应用于各种流程集成模型构建的方法和工具，但要成功应用到产品设计流程中仍存在一些难度。在设计流程中，产品方案在是动态变化的，设计流程是不断迭代的，在产品设计流程中需要体现出产品设计信息，且设计信息需集成产品、需求、技术和其他因素。

　　产品设计流程集成模型需要对产品设计流程中的各种相关信息和元素进行合理的定义和描述。其主要是通过某些特定的形式（如图表、语言、数据等）

将各相关信息和流程以相应的逻辑关系具体地表达出来，不仅要反映设计流程中的静态属性，还要反映设计流程中的动态属性，同时又可以为有效地解决设计流程的冲突问题提供技术支持。

绿色设计流程具有分散性、冲突性、多主体性和信息共享差等特点，相比常规设计流程，在涉及的信息、知识、方法以及流程上都更为复杂，对产品绿色设计流程模型的构建更具难度。因此，如何找到适用于产品绿色设计流程集成模型构建的方法至关重要，现有的一些模型构建方法可以支持绿色设计流程集成模型构建，主要包括 DSM 和 Petri 网等。

▶ 5.4.1 设计流程模型构建的方法介绍

▶ 1. 基于 DSM 的设计流程建模

复杂的产品设计流程可以通过映射的方法进行管理，设计结构矩阵（DSM）由 Steward 提出，可支持复杂性流程管理。DSM 提供了识别串行、并行和迭代设计流程的方法，能够模拟和操纵迭代及多向信息流。它相当于图论中的邻接矩阵，用于系统工程和项目管理，以模拟复杂系统或过程的结构，从而执行系统分析、项目规划和组织设计。

设计结构矩阵列出了所有组成子系统/活动以及相应的信息交换、交互和依赖模式。例如，在矩阵元素表示活动的情况下，矩阵详细说明了开始特定活动所需的信息，并显示该活动生成的信息所处的位置。通过这种方式，可以快速识别哪些活动依赖于某个活动产生的信息输出。DSM 能以紧凑的方式表示大量系统元素及其关系，突出显示数据中的重要模式（如反馈循环和模块）。在模型构建活动优先级中，它允许表示无法通过甘特图建模技术的反馈链接。DSM 分析提供了有关如何管理复杂系统或项目，突出显示信息流、任务/活动序列和迭代的见解。DSM 分析可以帮助团队根据不同相互依赖的活动之间的最佳信息流来简化流程，还可用于管理变更的影响，例如，如果必须更改组件的规范，则可以快速识别依赖于该规范的所有过程或活动，从而降低基于过时信息继续工作的风险。

DSM 是矩阵，表示系统元素之间的链接。系统元素通常标记在矩阵左侧的行中或矩阵上方的列中。这些元素可以表示产品组件、组织团队或项目活动。非对角线单元用于指示元素之间的关系。单元格的标记表示两个元素之间的有向链接，并且可以表示产品组件之间的设计关系或约束、团队之间的通信、信息流或活动之间的优先关系。在一个约定中，跨行读取时可显示该行中的元素提供给其他元素的输出，并且扫描列显示该列中的元素从其他元素接收的输入。沿对角线的单元通常用于表示系统元件。然而，对角线单元可用于表示自迭代

（例如，未通过其单元测试的代码的返工）。当矩阵元素表示更详细的活动/子系统块时，需要自我迭代，从而允许分层 DSM 结构。

目前已经提出了两类主要的 DSM：静态的 DSM 和基于时间的 DSM。静态 DSM 表示所有元素同时存在的系统，例如机器的组件或组织中的组。静态 DSM 等效于 N2 图表或邻接矩阵。非对角线单元格中的标记通常与对角线大致对称。通常使用聚类算法分析静态 DSM。基于时间的 DSM 类似于优先图或有向图的矩阵。在基于时间的 DSM 中，行和列的顺序表示流程时间：流程中的早期活动显示在 DSM 的左上角，后期活动显示在右下角。当引用接口时，诸如"前馈"和"反馈"之类的术语变得有意义。反馈标记是高于对角线的标记（当行表示输出时）。基于时间的 DSM 通常使用排序算法进行分析，排序算法可对矩阵元素进行重新排序以最小化反馈标记的数量，并使它们尽可能接近对角线。

通过对某公司的汽车座椅进行绿色设计流程的调研和分析，基于 DSM 方法构建该产品的绿色设计流程集成模型，如图 5-12 所示。通过该模型可以显示该产品的设计任务的逻辑关系，整个流程以并行开发为主，并且具有大量相互交叉的耦合任务，结合了少量的串行任务，将设计任务作为设计结构矩阵表的矩阵端，每两个任务之间的相互关系为矩阵的单元格赋值，以展现设计任务的耦合关系。

设计流程			a1	a2	a3	a4	a5	a6	a7	a8	a9	a10	a11	a12	a13	a14	a15	a16
整椅部门	功能定义	a1	1			1	1	1	1	1	1	1	1	1	1			
	舒适性设计	a2		1	1			1										
造型部	造型设计	a3			1			1	1	1	1	1	1					1
骨架设计	骨架平台零件设计	a4				1	1	1			1			1				
	骨架散件设计	a5					1	1	1									
软饰部	发泡设计	a6		1			1	1	1									
	面套设计	a7		1			1	1	1									1
零部件部	塑料件设计	a8							1	1								
	头枕设计	a9							1		1							
	扶手设计	a10							1			1						
电器部	通风加热垫设计	a11						1					1					
	线束设计	a12												1	1			
环境部	轻量化设计	a13				1	1								1			
	无毒害材料选择	a14					1	1							1	1		
制造部	样件制造	a15							1								1	
	面套生产	a16																1

图 5-12　某汽车座椅的设计流程 DSM

2. 基于 Petri 网的设计流程模型构建

Petri 网是一种适用于许多系统的图形和数学建模工具，是用于描述分布式系统的几种数学建模语言之一，对于描述和研究并发的、异步的、分布的、并行的、非确定性的或随机性的系统非常有用。Petri 网具有严密的数学基础、精确的语义，对冲突和并发能进行良好的描述，非常适合于具有动态、并行、分布和多主体性的流程模型构建与验证分析。Petri 网为逐步流程提供图形表示法，包括选择、迭代和并发执行。Petri 网对其执行语义有精确的数学定义，并且有一个完善的过程分析数学理论。

一个 Petri 网的结构元素主要包括库所（Place）、变迁（Transition）和连接有限弧（Arc）。库所用于描述可能的系统局部状态、条件或信息，由圆圈表示。变迁用于描述改变系统状态的事件，用矩形表示。连接有限弧使用局部状态及局部状态的转换两种方法规定局部状态和事件之间的关系，由箭头表示。Petri 网模型的状态转换仅涉及一个变迁通过输入/输出弧连接位置的状态变化，这一特性决定了 Petri 网可以很容易地描述并行、分布系统模型。在 Petri 网模型中还有一个很重要的概念就是 Token 标记，用小黑点表示。Token 包含在库所里，在库所中的动态变化表示系统的不同状态。如果一个库所表示一个条件，当一个 Token 出现在该库所中时，则表示条件为真，否则为假。如果一个库所表示一种状态，则用 Token 来表示这种状态的数。

图 5-13 所示为某产品的设计流程及用 Petri 网表示该设计流程。该设计流程中包括多个设计周期，其初始节点和终端节点重合，表示设计流程的循环和反馈。循环和反馈的概念适用于对设计流程进行建模的 Petri 网，因为地点或过渡可以被视为图中的节点。在 Petri 网中，循环和反馈可被解释为在执行某些任务之后重复特定任务。重复某些任务的原因之一是设计更改。当设计发生变化时，通常会返回到某个点，然后重复一些设计任务。该点可以是初始状态或中间状态，取决于变化的程度。

如图 5-13a 所示，两条线分别从测试到机械系统设计和电气系统设计，表示如果测试失败，则应该向这两个设计组提供信息。这与在设计早期阶段检测和解决问题的原理相吻合。机械系统设计和电气系统设计都有一条线指向生产样

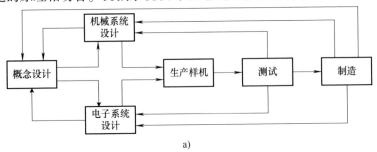

a)

图 5-13　某产品设计流程的 Petri 网模型

a）某产品设计流程

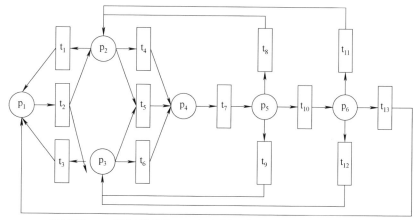

p₁—概念设计 p₂—机械系统设计 p₃—电子系统设计 p₄—生产样机 p₅—测试 p₆—制造
t₁~t₁₃—某种设计任务
b)

图 5-13 某产品设计流程的 Petri 网模型（续）

b）用 Petri 网表示该设计流程

机。两条线是否代表"同时"输入可能会出现一个问题，换句话说，要继续生产原型，是否应同时提供机械系统设计和电气系统设计的输出，这种模糊性可以在 Petri 网中轻松解决，并明确描述解释。

在图 5-13b 中，很容易确定两种可能的结果与潜在的模糊性有关：机械系统设计和电气系统设计这两项任务应该同时发生（通过 t_5），或者只发生机械系统设计或电气系统设计（通过 t_4 或 t_6）。因此，可以根据要求明确地表示可能的结果，这说明 Petri 网模型便于解决这种模糊性。此外，在不失一般性的情况下做出以下假设：当通过 t_2 时，p_2 和 p_3 得到一个标记，它们中的任何一个都不会通过 t_1 或 t_3 立即返回 p_1 中，当 p_2 和 p_3 从概念开发中收到指令时，将共同触发 t_5 并继续生产原型。

5.4.2 案例：基于 Petri 网的滚齿机床床身绿色设计流程集成模型

滚齿机床作为齿轮加工机床的一种，由于其既适合高效率的齿形粗加工，又适合中等精度齿轮的精加工，因此得到广泛的应用。滚齿机床的床身作为最大的部件，是机床的主要支撑部件，对于机床的稳定运行、安全等起着决定性影响。在常规设计流程中主要考虑床身的精度、刚度、热稳定性以及抗振性等性能属性，而对于绿色设计流程则会更加关注床身的轻量化、节能减排等绿色属性，因此需要构建滚齿机床设计流程模型，以集成两种设计流程。

本节以滚齿机床的床身为例，将其常规设计流程与绿色设计流程相融合，构建基于 Petri 网的绿色设计流程集成模型，如图 5-14 所示。滚齿机床床身的绿

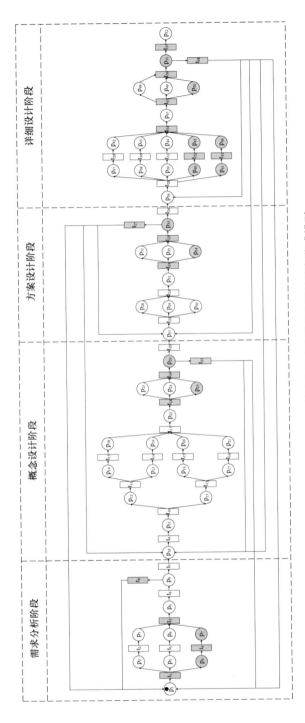

图 5-14　基于 Petri 网的滚齿机床床身绿色设计流程集成模型

色设计流程集成模型包含需求分析、概念设计、方案设计、详细设计四个阶段。在该模型中，圆形表示库所信息，用于描述设计状态；长矩形表示变迁信息，用于描述设计状态的改变；带箭头的连接线表示设计流关系，用于将产品设计流程串联起来。其中，在绿色设计流程集成模型中，与绿色相关的库所信息和变迁信息以带斜线底纹的圆形和长矩形进行表示。

表 5-1 所列为某滚齿机床的床身绿色设计流程集成模型库所信息描述，表 5-2 所列为某滚齿机床的床身绿色设计流程集成模型变迁信息描述。

表 5-1　某滚齿机床的床身绿色设计流程集成模型库所信息描述

库　　所	库所信息描述	库　　所	库所信息描述
P_1	床身设计开始	P_{27}	最终设计概念
P_2	产品功能需求信息	P_{28}	整体结构信息
P_3	产品成本需求信息	P_{29}	材料选择信息
P_4	产品环境需求信息	P_{30}	关键尺寸信息
P_5	产品功能需求分析结果	P_{31}	可行整体设计方案信息
P_6	产品成本需求分析结果	P_{32}	设计方案功能性评估结果
P_7	产品环境需求分析结果	P_{33}	设计方案经济性评估结果
P_8	用户需求报告	P_{34}	设计方案环境性评估结果
P_9	评估报告	P_{35}	设计方案综合评估结果
P_{10}	设计需求信息	P_{36}	初步设计方案
P_{11}	产品整体功能信息	P_{37}	刚度要求
P_{12}	支撑功能信息	P_{38}	热稳定性要求
P_{13}	连接功能信息	P_{39}	精度要求
P_{14}	支撑功能可行性约束信息	P_{40}	轻量化要求
P_{15}	支撑功能可靠性约束信息	P_{41}	节能减排要求
P_{16}	连接功能可行性约束信息	P_{42}	刚度设计结果
P_{17}	连接功能可靠性约束信息	P_{43}	热稳定性设计结果
P_{18}	支撑功能可行性结果	P_{44}	精度设计结果
P_{19}	支撑功能可靠性结果	P_{45}	轻量化设计结果
P_{20}	连接功能可行性结果	P_{46}	节能减排设计结果
P_{21}	连接功能可靠性结果	P_{47}	方案设计参数信息
P_{22}	可行的设计概念集	P_{48}	功能性评估结果
P_{23}	设计概念功能性评估结果	P_{49}	经济性评估结果
P_{24}	设计概念经济性评估结果	P_{50}	环境性评估结果
P_{25}	设计概念环境性评估结果	P_{51}	综合评估结果
P_{26}	设计概念综合评估结果	P_{52}	最终详细设计方案

表 5-2　某滚齿机床的床身绿色设计流程集成模型变迁信息描述

变　迁	变迁信息描述	变　迁	变迁信息描述
t_1	用户需求调研	t_{20}	设计概念决策与优化
t_2	产品功能需求分析	t_{21}	评估结果反馈
t_3	产品成本需求分析	t_{22}	功能结构实现
t_4	产品环境需求分析	t_{23}	综合设计方案信息
t_5	综合讨论分析	t_{24}	基于特征的设计方案评估
t_6	用户需求报告评审	t_{25}	综合评估结果分析
t_7	产品功能需求确定	t_{26}	设计方案决策与优化
t_8	反馈信息	t_{27}	评估结果反馈
t_9	确定产品功能	t_{28}	详细参数设计需求分析
t_{10}	产品功能设计	t_{29}	刚度设计
t_{11}	支撑功能约束分析	t_{30}	热稳定性设计
t_{12}	连接功能约束分析	t_{31}	精度设计
t_{13}	支撑功能可行性分析	t_{32}	轻量化设计
t_{14}	支撑功能可靠性分析	t_{33}	节能减排设计
t_{15}	连接功能可行性分析	t_{34}	综合冲突消解
t_{16}	连接功能可靠性分析	t_{35}	详细设计方案评估
t_{17}	形成可行的设计概念	t_{36}	综合评估结果分析
t_{18}	设计概念评估	t_{37}	详细设计参数的决策与优化
t_{19}	综合评估结果分析	t_{38}	评估结果反馈

以需求分析阶段为例,对该绿色设计流程集成模型进行详细介绍。设计从(p_1)开始,通过用户需求调研(t_1)获得产品功能需求信息(p_2)、产品成本需求信息(p_3)以及产品环境需求信息(p_4),这三个子任务都是并行的,分别对这三个需求信息进行分析(t_2、t_3、t_4)获得相应的分析结果(p_5、p_6、p_7),将这三个结果综合讨论分析(t_5)获得最终的用户需求报告(p_8),并对需求报告进行评审(t_6)形成评估报告(p_9),评审不通过形成反馈信息(t_8)发送到 p_1 重新开始设计,评审通过则进行产品功能需求确定(t_7)形成设计需求信息(p_{10})。

5.5　本章小结

绿色设计流程存在流程分散、主体关系复杂、缺少管理体系、设计任务间存在冲突等问题，制约着绿色设计的实际应用。将绿色设计流程与常规设计流程相结合，实现绿色设计流程集成，可有效指导企业正确开展绿色设计工作。本章在绿色设计数据集成和方法集成的基础上，从三个层面介绍如何进行产品绿色设计流程集成：

1）绿色设计流程信息流动，建立各设计流程绿色设计信息的提取方法和调用机制。

2）绿色设计流程协同管理，包含设计流程协同管理机制和设计任务冲突消解机制。

3）绿色设计流程集成模型构建，实现绿色设计流程集成的可视化表达。

参 考 文 献

［1］赵雯，王悦，李烁，等．复杂产品总体设计过程集成环境在大飞机设计中的应用［D］．深圳：中国航空学会．2007：39-43.

［2］SOBIESZCZANSKI-SOBIESKI J，HAFTKA R T．Multidisciplinary aerospace design optimization：survey of recent developments［J］．Structural Optimization，1997，14（1）：1-23.

［3］桂元坤．航空发动机产品开发过程集成的关键技术研究［D］．西安：西北工业大学，2006.

［4］张少文．机电产品绿色设计的集成化过程与方法模型研究［J］．轻工机械，2011，29（4）：36-39.

［5］段桂江，唐晓青．保质设计的集成化过程与方法模型研究［J］．中国机械工程，2005，16（19）：1743-1746.

［6］聂冲．面向总体的虚拟样机设计方法研究［D］．长沙：国防科技大学，2005.

［7］EASTMAN C M．Managing integrity in design information flows［J］．Computer Aided Design，1996，28（6-7）：551-565.

［8］张雷，刘光复，刘志峰，等．大规模定制模式下绿色设计产品信息模型研究［J］．计算机集成制造系统，2007（6）：1054-1060.

［9］HUH S K，LEE K C，LEE K S，et al．Design and development of reconfigurable product data management system for integrated product and process development［C］//IEEE．2007 IEEE International Conference on System of Systems Engineering．Piscat away：IEEE，2007：1-6.

［10］ETIENNE A，MIRDAMADI S，MOHAMMADI M，et al．Cost engineering for variation management during the product and process development［J］．International Journal on Interactive Design and Manufacturing，2017，11（2）：289-300.

［11］EIGNER M，NEM F M．On the development of new modeling concepts for product lifecycle management in engineering enterprises［J］．Computer-Aided Design and Applications，2010，

　　　　7 (2)：203-212.

[12] 谢列卫，程耀东 . 集成化产品设计多信息流过程建模研究 [J]. 中国机械工程，2000
　　　 (12)：60-63.

[13] 陈建，赵燕伟，李方义，等 . 基于转换桥方法的产品绿色设计冲突消解 [J]. 机械工程
　　　 学报，2010，46 (9)：132-142.

[14] 孙博 . 协同设计中冲突消解及协商机制研究 [D]. 太原：太原科技大学，2008.

[15] 王平 . 面向全设计流程的多层—体产品信息建模与系统评价研究 [D]. 长沙：湖南大
　　　 学，2011.

[16] 王淑旺 . 基于回收元的回收设计方法研究 [D]. 合肥：合肥工业大学，2004.

[17] 顾丹州 . 基于设计结构矩阵的 YF 公司产品开发流程优化研究 [D]. 上海：东华大
　　　 学，2020.

第 6 章

———

绿色设计系统集成平台

　　绿色设计集成平台是以绿色数据为基础的高度集成各种绿色设计使能工具的软件框架系统。集成平台将与绿色设计的数据、方法、流程和使能工具相关要素集成在一起，贯穿于产品全生命周期开发过程，为绿色设计研发人员提供一个协同的工作环境。然而现有的企业绿色设计系统存在绿色设计数据库开发较分散、设计资源共享率低、使能工具集成性低等问题，缺乏系统的集成平台支持。为此，本章将围绕绿色设计系统集成平台开发中的关键技术问题（绿色设计数据库集成、绿色设计使能工具集成以及绿色设计系统集成平台部署开发等方面）详细展开论述，以期为企业绿色集成平台建设及应用实施提供指导。

6.1　绿色设计系统集成平台概述

　　绿色设计系统集成平台以服务的方式封装企业、行业、供应链等现有的各种功能组件，采用统一的接口方式与标准化协议，实现企业内部产品信息系统与外部信息的"互联""互认""互操作"，以此实现产品绿色设计的标准化和自动化，同时提高绿色设计使能工具的实用性、可操作性及可维护性。

6.1.1　绿色设计系统集成平台概念

　　绿色设计系统集成平台基于产品全生命周期内的绿色设计需求，在异构分布环境（操作系统、网络、数据库）下为产品绿色设计流程提供透明、一致的产品设计信息及访问和交互手段。绿色设计系统集成平台面向产品全生命周期内的设计、制造、运输、使用、回收处理等阶段，基于设计需求对集成平台上的数据、方法、流程、工具等进行选取与应用，可为用户提供定制化的产品全生命周期绿色设计服务。

　　绿色设计系统集成平台整体架构如图 6-1 所示。绿色设计系统集成平台以绿色关联设计数据库和绿色属性数据库等绿色设计数据库为设计资源，通过统一的数据接口将企业现有软件（如 CAD、CAE、PLM 等）与绿色设计相关软件进行交互集成，形成平台基础功能模块，实现绿色设计信息的提取、调用，提供绿色多主体协同设计、多目标优化、产品全生命周期绿色设计—评价—优化决策等功能。绿色设计系统集成平台的数据中台和业务中心能实现面向多样化需求的数据和业务模块的灵活成组。基于云部署的绿色设计系统集成平台能够实现绿色设计服务高效部署与应用。

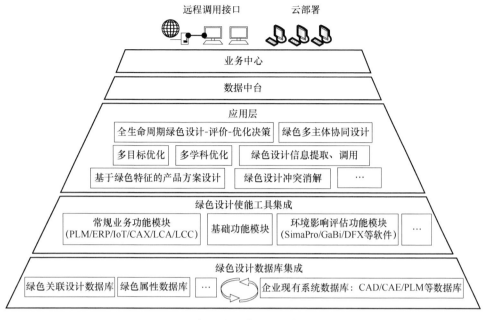

图6-1 绿色设计系统集成平台整体架构

6.1.2 绿色设计系统集成平台功能

绿色设计系统集成平台为企业实施绿色设计提供开放的、易维护的、可重构的应用开发与应用集成环境。绿色设计系统集成平台可实现以下五大功能。

（1）清单数据服务 绿色设计系统集成平台提供各类产品清单数据服务，可对云端和用户端的清单数据实现存储、查询、聚合、共享、溯源和统一管理，为产品绿色设计提供一个可共享、可交换的全生命周期清单数据服务。

（2）绿色设计流程管控 平台系统能够实现流程各设计阶段信息的有效共享和流程的统一协调与管理。通过跨系统流程贯通、多系统业务协同、产业链协同，优化产品设计业务流程，提升企业运营效率。

（3）使能工具统一调用 平台能够为产品设计提供多样化的服务。其中，统一的信息访问服务可使绿色设计使能工具不依赖于特定的硬件系统、操作系统、网络协议和数据库管理系统，具有良好的可移植性。

（4）绿色设计与评价协同 平台通过识别、筛选、提取及聚合绿色设计信息，提供完整、可重用和统一数据格式的产品全生命周期模型。基于设计信息的关联映射，支持产品全生命周期多域关联及协同建模技术，实现产品全生命周期设计和评价的协同。

207

（5）提升绿色产品开发效率　用现代信息技术把常规产品设计过程中相对独立的信息、阶段及绿色设计数据、方法和流程有效结合，强调设计过程间的信息交叉调用，减少设计流程的反复性和迭代性，力求使产品研发人员在设计初期就考虑到产品全生命周期的所有环境因素，最大限度地提高产品的环境性能和设计效率。

6.2　绿色设计数据库集成

产品绿色设计需要依靠诸如绿色关联设计数据、绿色属性数据、产品设计数据（PDM）等大量数据支撑，而各数据库架构、数据格式以及物理存储等均有所不同，导致无法为绿色设计提供完整及统一的数据支持。本节将对数据库管理系统及数据库的集成交互进行介绍。

▷6.2.1　绿色设计系统集成平台数据库管理系统

数据库管理系统可以对数据库进行统一的管理与控制，还可以提供数据定义与数据操作服务，从而提高数据的共享性、真实性和可靠性，降低数据的维护成本，保证集成平台数据库的安全性与完整性。

伴随着平台网络化和浏览器/服务器（B/S）系统结构模式的发展，将系统工具功能集中转移到网络服务器上，极大地提升了软件工具的维护和应用效率。在此背景下，MySQL、SQL Server、Oracle、Sybase 和 DB2 数据库管理系统成为主流。

在数据库管理系统的程序运行过程中，数据采用链表、数组、树等数据结构来存放。零件数据库构建后，集成系统在运行过程中需要对数据库中的数据信息进行访问、调用和编辑。通用的外部数据库访问技术主要有开放数据库互联（Open Database Connectivity，ODBC）技术、数据访问对象（Data Access Object，DAO）和数据对象（ActiveX Data Object，ADO）等，由于 ADO 扩展了 DAO 的对象模型，因此包含较少的对象，更多的属性、方法和事件。同时，采用 ADO 和 VC#. NET 提供各种向导来汇集数据库工程的方式速度很快。

绿色设计系统集成平台需要通过数据库管理系统进行数据的管理。数据库管理系统是位于用户与操作系统之间的数据管理层，其功能主要包括以下几个方面：

（1）数据定义　数据库管理系统有专用的数据定义语言（Data Definition Language，DDL）供用户建立、修改数据库。

（2）数据操作　数据操作语言（Data Manipulation Language，DML）供用户实现对数据的追加、删除、更新和查询等操作；数据库管理系统要分类组织、存储和管理各种数据，包括数据字典、用户数据、存取路径等，数据组织和存储能够提高存储空间利用率，选择合适的存取方法有利于提高存取效率。

（3）数据库的运行管理　包括多用户环境下的并发控制、安全性检查和存取限制控制、完整性检查和执行、运行日志的组织管理、事务的管理和自动回复。

（4）数据库的保护和维护　通过数据库的恢复、并发控制、完整性控制和安全性控制实现对数据库的保护。维护功能包括数据库的数据载入、转换、存储、数据库的重构和性能监控。

6.2.2　数据库的交互及集成

如何有效地将企业现有系统的数据库和绿色设计数据库有机结合，实现企业现有系统数据和绿色设计数据的交互，以支撑企业高效开展绿色设计，成了企业信息化和可持续发展的趋势。在绿色设计系统集成平台应用过程中，涉及绿色设计数据集成、设计方法集成和流程集成。上述方法和技术需要依托企业原有的 CAD、CAE、PLM、ERP 系统等，通过绿色设计数据库与企业现有数据库系统间的交互，实现产品设计信息、工艺信息和使用信息等数据的获取。

XML 是一种可扩展的标记语言，可用来标记数据、定义数据类型，一般用于交换数据和数据的管理。XML 是一种独立于软件和硬件的传输工具，是各种数据库系统之间进行数据交换最常用的工具。

针对不同的绿色设计数据库与企业现有系统（CAD、CAE、PLM 数据库等）之间数据模式和存储模式的不一致问题，建立统一的绿色设计数据 XML 标签和格式，将需要交换或共享的数据转换为 XML 文档，使数据得以在各个应用系统之间传递，解决不兼容系统间的数据交换问题，实现绿色设计数据模式的标准化，从而实现不同存储模式数据的关联及共享。此外，基于 XML 技术从企业现有的 CAD、CAE、PLM 等系统提取数据并推送到绿色设计数据库中，用于支持产品的绿色设计，以实现绿色设计数据库与企业现有数据库的集成。

6.3　绿色设计使能工具集成

绿色设计使能工具是保证绿色产品开发具有可操作性的关键技术。由于目前的使能工具涉及产品全生命周期各阶段，其目标、运行方式、功能、运行硬件平台、操作系统等存在差异，从而导致无法进行集成调用及协同工作。本节将围绕上述问题，对绿色设计使能工具以及使能工具间的交互进行阐述。

6.3.1 绿色设计使能工具

目前，现有的绿色设计使能工具由于其应用目标不同，产生了许多不同类型的绿色设计使能工具。LCA 软件工具主要包括生命周期评价以及精简的生命周期评估等相关工具；单元设计工具主要包括各种为 X 而设计的技术（DfX），这里的 X 指组装、拆卸、重复使用、回收、丢弃、使用、维修、制造和服务等目标。

1. LCA 软件工具

生命周期评价过程主要由定义系统的评价范围及评价目标，建立系统的相关输入、输出物质清单，对系统相关输入/输出物质进行环境影响分析，有目的的结果解释四个部分组成。生命周期评价涉及对大量数据的组织以及对不同评价模型方法的系统化分析，生命周期评价软件应运而生，并成为该领域的重要研究内容。

参照 ISO 14040 生命周期评价原则和框架、ISO 14048 数据文档格式（International Organization for Standardization，2006c）、ISO 14072 组织生命周期评估的要求和准则来开发工具。一些著名的商业软件，如 SimaPro、GaBi 和 KCL-ECO 等，已被广泛应用于生命周期清单分析、生命周期影响评价、环境设计和成本分析。

SimaPro 软件具有丰富的环境负荷数据库，如 ETH-ESU96（能源、电力制造、运输）、FEFCO（欧洲造纸业）等，可提供多种可选的清单数据库及影响评价方法。其使用界面良好，能提供向导式的评价模式，自动生成评价工艺流程图，大幅降低了专业软件的使用难度，便于用户使用。

GaBi 软件数据主要来源于 PE 近 20 多年的全球工业 LCA 项目合作以及 ELCD、BUWAL 和 Plastics Europe 等数据库。GaBi 软件图形界面的透明性与灵活性较高，采用以线的粗细来表示质量、能量或成本大小的 Sankey 图来代表生产过程数据流量图，用户可以自己设定质量、能量或成本中的某一个变量。

KCL-ECO 可用于任何产品及过程的环境负荷评价，主要用户为工业企业、研究院所和大专院校等。KCL-ECO 具有图形化的用户界面，其主要特点是可以进行大规模的数据处理。其针对环境负荷评价也有不同的分析方法。此外，它还拥有灵敏度分析和分块处理功能，采用图形的显示方式进行结果展示也更为直观。

TEAM 软件主要针对复杂工业系统及其相关的生命周期分析和环境负荷评

价，目前全球范围内的各行业拥有超过 100 个企业用户，包括福特、通用汽车、克莱斯勒、大众、宝马等著名企业。在 Environment Canada 的 LCA 软件评测结果中，TEAM 被认为是功能最强大、最灵活的软件。

LCAiT 是世界上第一个采用图形界面的 LCA 软件，目前改进版的 LCAiT 不仅可以用于产品使用过程中的环境负荷评价，也可以用于改善评价对象的环境性能。LCAiT 使用界面友好，用户可以根据自己的需求，随时对数据进行增加和修改等操作，与其他软件之间的数据交流也非常方便。

eBalance 是中国亿科环境科技有限公司自主开发的国内首个通用型生命周期评估（LCA）软件，可以对产品进行全生命周期分析。其不仅涵盖国外 LCA 软件的功能，同时还有数据收集功能。eBalance 是国际首创的可完整记录所有原始数据、算法、数据来源的软件，可随时浏览、重现数据收集过程，能够极大地提高数据收集、评审和更新的工作效率。

以 SimaPro、GaBi 等为代表的 LCA 软件的基本特点见表 6-1 所列。

表 6-1　不同 LCA 软件的基本特点

比较因子	SimaPro	GaBi	KCL-ECO	TEAM	EIME	JEMAI-LCA Pro	BEES
图形界面	√	√	√	√	√	√	
系统开放性	√		√	√			
公式使用			√	√			
不确定性分析	√	√	√				
影响评价	√	√		√	√	√	√
结果对比				√			
结果的图形化显示	√	√			√		√
主要功能	LCM LCA LCC DfE/DfR LCE SFA/MFA 产品管理 供应链管理	LCM LCA LCC DfE/DfR SFA/MFA 产品管理 供应链管理	LCM LCA DfE/DfR LCE SFA/MFA 产品管理 供应链管理	LCM LCA LCC DfE/DfR 产品管理 供应链管理	LCA DfE/DfR	LCA	LCA LCC

注：LCM—生命周期管理；LCA—生命周期评估；LCC—生命周期成本；DfE—面向环境的设计；DfR—可回收设计；LCE—生命周期管理；SFA—物质流分析；MFA—物料流分析。

▶▶**2. 单元设计工具**

DfX 工具面向产品生命周期的各个环节，在设计阶段就尽可能地考虑性能优化、可回收性等因素，对产品进行设计与优化。常见的 DfX 技术有面向装配的设计（Design for Assembly，DfA）、面向制造的设计（Design for Manufacturing，DfM）、面向成本的设计（Design for Cost，DfC）、面向拆卸的设计（Design for Disassembly，DfD）等。

GENESIS 是一个将有限元求解器和高级优化算法集于一体的结构优化软件，主要用于结构轻量化和拓扑优化设计。用户可以直接使用 ANSYS、Nastran、Abaqus 等有限元软件的网格模型和载荷工况来进行结构优化设计。GENESIS 提供了丰富的优化设计功能，包括拓扑优化、形状优化、尺寸优化、形貌优化、自由尺寸优化和自由形状优化等，并支持混合优化。

清华大学开发的产品拆卸回收建模与决策分析系统提供产品拆卸规划的决策支持和产品拆卸回收的经济、环境性评估分析等功能。

合肥工业大学开发的支持绿色设计的计算机辅助材料选择系统具有材料选择和材料查询功能，该系统将材料选择所涉及的使用性能、经济性能、环境性能的三不相容问题转换为三维问题进行处理，通过对材料初选、重要性判断、环境性能评价以及经济性评价实现最优材料的选择。

上海交通大学开发的面向产品生命周期的模块化设计软件，从设计方法、设计过程和各方法之间的数据关联三个方面进行了软件的功能需求分析。该系统基于典型的三层架构完成了软件的架构设计，构建面向单一产品的模块识别和面向产品簇的模块识别，实现两种设计方法的输入和输出显示。两种识别方法可以共享基础数据库，每一种方法都可以独立运行，提高了软件的设计效率和数据管理能力。

6.3.2 使能工具的交互及集成

当前，绿色设计在面向产品特定绿色性能或生命周期特定阶段已逐步形成了一些工具，如生命周期评估软件、结构轻量化软件、材料选择系统、模块化设计软件、产品绿色性评价系统。但这些使能工具缺乏融合，易造成设计参数、工艺参数之间的冲突。同时，在业务流程上，绿色设计使能工具也缺乏与现有 CAD、CAE、PLM 等应用系统的有效集成。

针对不同的绿色设计使能工具硬件平台、操作系统、通信协议等之间的差异化问题，本节基于 Web Service 标准协议和 XML 技术高度可集成的特点，在各种异构平台的基础上构建一个通用的、平台无关及语言无关的虚拟技术层，依靠这个技术层来实现不同平台彼此的连接和集成，将绿色设计软件和企业制造信息系统集成到 Web Service 服务体系中，从而建立绿色设计使能工具集成平台。

绿色设计使能工具集成的具体实施步骤如下。

1）在 Web Service 框架下，给每个绿色设计使能工具创建一个 Web Service，使用 WSDL 向服务中心注册。

2）集成系统向注册中心发送查找请求服务并选择合适的绿色设计使能工具。

3）通过 SOAP 从这些绿色设计使能工具中获取数据，增加集成的灵活性，实现使能工具之间的互操作性和无缝集成。

4）基于 XML 技术建立企业现有系统（CAD、CAE、PLM 等）的数据输出格式，建立统一的编目数据和数据格式的 XBOM 文档，实现绿色设计使能工具对企业现有系统数据的读取操作。

图 6-2 所示为基于 Web Service 的绿色设计使能工具集成平台技术路线。

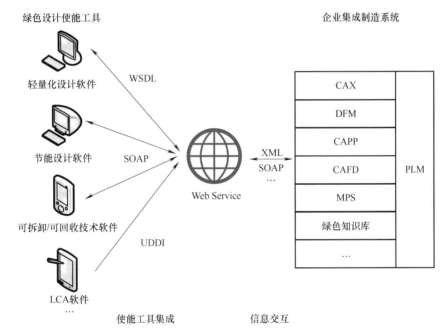

图 6-2 基于 Web Service 的绿色设计使能工具集成平台技术路线

6.4 绿色设计系统集成平台架构及开发

完善的平台架构是开发具有数据关联、数据通信、数据访问等功能的绿色设计系统集成平台的前提和基础。本节将对绿色设计系统集成平台的架构和开发中需要注意的问题进行介绍。

▶ 6.4.1 绿色设计系统集成平台架构

绿色设计系统集成平台是一种基于业务驱动的信息管理系统，能够为产品绿色设计提供功能分析、结构设计、方案建模与评价等功能，其为绿色设计数据的调用及使能工具的有效集成提供了一套通用的解决方案。复杂系统集成的关键是基于架构的集成。

本节将对绿色设计系统集成平台的业务架构、功能架构、标准架构以及安全架构进行介绍。其中，业务架构展示整体系统的业务功能层次关系；功能架构主要介绍系统的功能层次体系；标准架构为整体系统提供各类标准支撑，包括数据标准规范、技术标准等；安全架构介绍整体系统的安全保障技术，从应用、系统、网络、物理层面进行展开。

▶ 1. 业务架构

绿色设计系统集成平台业务架构如图 6-3 所示，平台基于面向服务的（Service-Oriented Architecture，SOA）开放式架构，它由一系列产品的组件集成

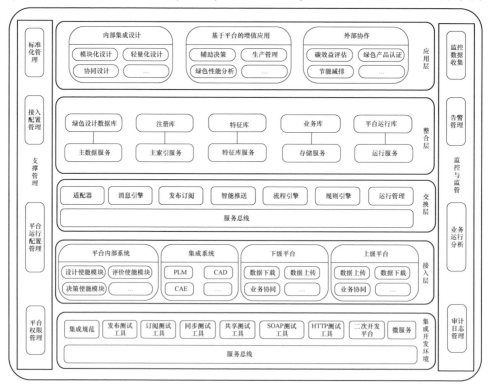

图 6-3 绿色设计系统集成平台业务架构

构成，如集成开发环境、接入层、交换层、整合层、应用层、支撑管理、监控与监管等。

平台架构的底层是系统集成平台的开发环境，是系统建设的必要准备条件；接入层提供内部系统、集成系统、下级平台、上级平台的对接，实现数据、业务融合；交换层主要为接入层提供技术组件支撑，实现数据交互；整合层负责平台数据存储与整合，并为应用层提供数据服务；应用层为本系统的业务模块的集合。支撑管理模块负责监控与监管平台的整体运行状况。

2. 功能架构

从平台运行的业务角度来看，平台功能架构可分为六部分，包括配置域、运行域、监控与监管域、适配域、接入类工具和验证类工具，如图 6-4 所示。配置域中要考虑数据标准、数据交换规范、存储与共享规范和其他配置等。监控与监管域重点进行平台及业务监控；运行域和适配域实现平台数据和标准的集成。绿色设计系统集成平台运行的核心业务是绿色设计信息数据的收集、挖掘及交换。信息数据收集和挖掘可基于硬件设备进行，如各类传感器、无线射频识别（RFID）等。绿色设计信息数据的交换主要包含信息发布、信息入库、信息订阅计算推送等过程。接入类工具是指第三方系统提供的开发包以及开发规范；验证类工具是指验证内容、验证指标、验证方法、验证工具的集合。

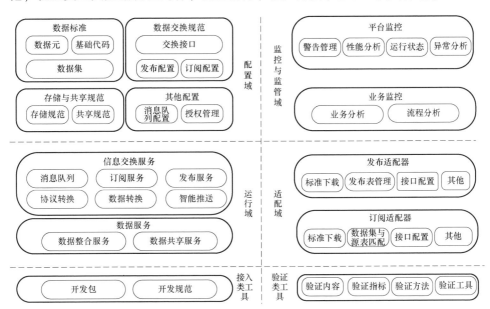

图6-4　绿色设计系统集成平台功能架构

⫸ **3. 标准架构**

绿色设计系统集成平台标准架构包括流程标准、数据标准、消息格式和通信协议等内容，平台标准架构如图 6-5 所示。其中，流程标准即对绿色设计的业务流程所制定的业务标准，可构建统一的企业设计流程模板；数据标准包括值域、术语、数据元、数据集和质量规范的绿色设计信息和环境信息的标准与规范；消息格式（交换协议）需要支持目前国际主流的协议，如 XML、SPOLD 等；通信协议要能够支持目前主流的协议，如 HTTP、Web Service、RPC（远程方法调用）等，实现绿色使能工具与平台的集成交互。

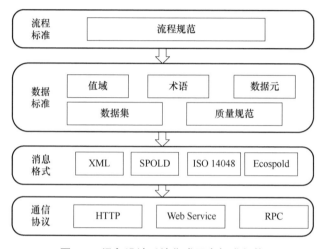

图 6-5 绿色设计系统集成平台标准架构

⫸ **4. 安全架构**

安全架构包括应用安全、系统安全、网络安全和物理安全。安全架构主要关注应用安全，而系统安全、网络安全和物理安全大多是由硬件或软件来实现平台安全性能的，如图 6-6 所示。在应用安全方面，要实现统一身份认证，即平台要授予所有接入的软件一个合法的身份后才能允许第三方接入平台，并可以通过 IP 地址来实现对特定机器的访问。统一权限管理要求接入平台的第三方系统，若没有授权数据集，用户就不能访问此类数据。数据保密与完整和日志审计可保证接入平台的应用不能直接修改数据中心的数据，并且在接入平台后所有的行为都有日志进行记录。在系统安全方面，建立操作系统安全检查和漏洞修复机制，建立数据灾备机制，定期进行系统数据查杀；在网络安全方面，加强系统漏洞检查、入侵检测、建立防火墙、实行链路冗余机制；在物理安全方面，加强用电安全、环境安全、硬件安全、机房安全等，保障系统安全运行。

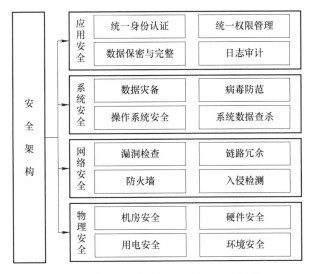

图 6-6　绿色设计系统集成平台安全架构

6.4.2　绿色设计系统集成平台开发

1. 绿色设计系统集成平台开发技术

集成平台开发可采用的技术包括 Java EE、VC#.NET、ASP.NET、MySQL 等。

Java EE 具备优良的易用性、稳定性，并且能够支持程序实现多线程同步运行等的优点，因此在开发普通应用程序、分布式应用平台、Web 应用程序等方面表现出独特的优势。

VC#.NET 是一个编译的、基于.NET 的环境，开发环境是 VS，在该环境下可用任何.NET 兼容的语言（包括 Microsoft Visual Basic.NET、Microsoft Visual C#和 Microsoft JavaScript.NET）创作应用程序。开发人员可以很容易地从其技术（管理的公共语言运行库环境、类型安全、继承等）受益。

ASP.NET 与以往的网页开发技术相比有更强大的适应性、可恢复性、可定制性和扩展性，以及具有更优秀的语言支持，将 Web 浏览器和 Web 服务器之间的网络通信完全包装起来，作为实现动态网站和开发 B/S 模式的应用软件。ASP.NET 使用基于文本的、分级的配置系统，简化了将设置应用于服务器环境和 Web 应用程序的工作。

MySQL 数据库管理系统的运用比较广泛，它是一个相对简单的高性能数据库系统，运行速度非常快，支持结构化的查询语言（Structured Query Language，

SQL），支持多个客户端的同时连接。用户只需要使用 Web 浏览器就可以获取
MySQL。MySQL 还完全支持网络化，用户可以从因特网的任何地点进行数据库
的访问，因此运用 MySQL 能够很好地对数据进行管理。

集成平台开发环境与开发模式示例如图 6-7 所示。该集成平台采用 IntelliJ
IDEA 集成开发环境，全面支持 Java EE 程序高效地编译、建模，高效率地调试
参数以及仿真运行。选用 MySQL 为数据库建设环境，整个系统为浏览器/服务器
（B/S）结构。系统开发模式采用同心圆三层开发模式，接口层用于确定接口规
范，实现层进行业务功能开发，界面层为用户提供可操作的界面。

图 6-7　集成平台开发环境与开发模式示例

2. 绿色设计系统集成平台的部署

绿色设计系统集成平台可以采用基于云的分布式架构在主站点部署数据库，
并采用 Master-Slave 架构提供应用服务以提升主站点的访问效率。不同的地区分
别部署从服务器提供的副站点电子仓库，从而提升非主站点地区的服务访问效
率及文件传输效率。基于云部署的分布式架构通过对数据多地区冗余备份保证
了产品绿色设计数据的安全性。

通过云操作系统有效利用基础计算资源及虚拟服务资源，综合面向云的、
支持桌面及移动终端等的多种操作系统，实现绿色设计系统集成平台的云部署，
架构如图 6-8 所示。基于云架构和用户角色的平台服务及安全系统，支持跨组织
的绿色设计任务规划、流程构造、资源配置，实现产品全生命周期设计效能评
价、监测分析与优化。

3. 绿色设计系统集成平台中台服务机制

为满足绿色设计在多种作业系统或不同硬件架构的客户端上开展、执行的

需要，可以采用基于 SpringBoot 统一架构的绿色设计数据接入方式，实现跨平台数据交互，建立分布式部署的产品绿色设计数据、方法、流程、使能工具的中台系统，采用后台、中台、前台的三层中台服务机制，如图 6-9 所示。

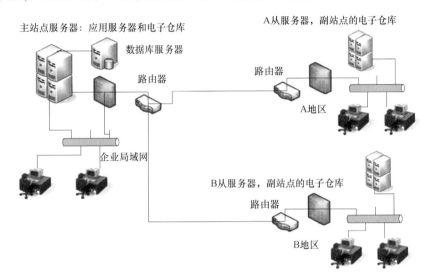

图 6-8 绿色设计系统集成平台云部署架构

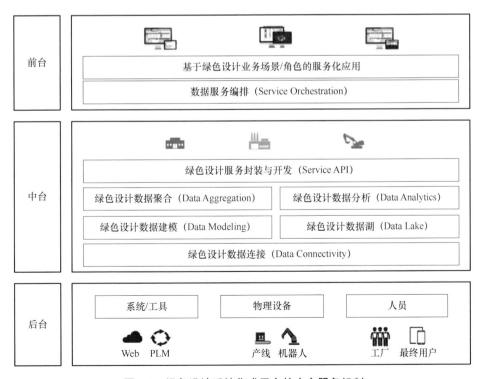

图 6-9 绿色设计系统集成平台的中台服务机制

后台实现产品绿色设计数据的采集。首先充分利用绿色设计数据、企业已有的系统数据（CAD 数据、CAE 数据、PLM 数据等）、物理设备数据（产线、自动化设备、加工等信息）、人员信息（工厂、组织、终端等），解析业务数据的关联性、系统数据的内在联系；其次基于产品绿色设计研发场景实现绿色设计数据的汇集、整理、存储、交换、服务和应用；最后保证海量异构多元数据资源应用的稳定系统体系。

中台基于数字主线实现产品绿色设计服务的封装与开发。产品绿色设计数据连接实现后台数据的链接，获取相关数据、方法和流程，并通过建模实现数据的结构化存储，为产品绿色设计服务提供数据基础并进行数据分析。产品绿色设计数据通过聚合实现异构数据的融合，产品绿色设计数据分析基于机器学习技术提供知识推送、数据挖掘等服务。

前台基于中台提供的模块化业务功能，面向特定应用场景快速进行业务重构，通过基于角色的、单一的工作界面，设计人员可以安全访问相关数据的开展工作，而无须关心数据来源及其关联，提高工作效率，提升用户体验。

4. 绿色设计系统集成平台发展趋势

在人工智能、知识智能推送、智能设计检索技术等新型网络及通信技术的支持下，绿色设计系统集成平台将实现产品设计信息高效调用、设计评价结果的智能推送等。预计未来十几年中，绿色设计系统集成平台将会是企业绿色设计管理系统运行的新模式。

预计到 2025 年，将形成重点行业的绿色设计数据、绿色数据方法、绿色设计流程的集成。绿色设计融入产品开发、生产流程，并面向典型企业开展绿色设计系统集成服务。

预计到 2030 年，绿色设计系统集成平台得以持续改进和完善，绿色设计将有机地融入产品生命周期业务流程之中。绿色设计系统集成服务在数据、方法、流程和使能工具管理上获得有力支撑，并开始在典型行业、企业中获得示范应用。

预计到 2035 年，可以基本形成面向典型行业的绿色设计系统集成平台，能够向行业、企业提供评估、设计、生产、流程管理、供应链管理乃至产业链管理等集成服务。

可以预见的是，绿色设计系统集成平台开发建设将逐步成为热点，同时将会给企业、社会、开发人员、供应链等提供显著的正向效益。

6.5 本章小结

本章首先对绿色设计系统集成平台进行了概述，明确了集成平台的功能。其次针对绿色设计数据库集成，介绍了绿色设计系统集成平台数据库管理系统以及数据库间的交互。同时叙述了现有的绿色设计使能工具，针对不同使能工具的硬件平台、操作系统、通信协议等之间的差异化问题，提出了基于 Web Service 协议的集成方法，实现绿色设计使能工具的集成。最后，介绍了绿色设计系统集成平台搭建的架构和开发、平台部署、中台服务机制以及绿色设计系统集成平台的发展趋势。

参 考 文 献

[1] 赵正文. 现代数据库技术 [M]. 成都：电子科技大学出版社，2013.

[2] 中华人民共和国国家质量监督检验检疫总局，中国国家标准化管理委员会. 环境管理　生命周期评价　原则与框架：GB/T 24040—2008 [S]. 北京：中国标准出版社，2008.

[3] 中华人民共和国国家质量监督检验检疫总局，中国国家标准化管理委员会. 环境管理　生命周期评价　要求与指南：GB/T 24044—2008 [S]. 北京：中国标准出版社，2008.

[4] HERRMANN I T，MOLTESEN A. Does it matter which life cycle assessment (LCA) tool you choose? -a comparative assessment of SimaPro and GaBi [J]. Journal of Cleaner Production，2015，86：163-169.

[5] 平旭彤. 浅析生命周期评价软件 eBalance 的使用 [J]. 科技创新与应用，2015 (23)：27-28.

[6] BRUCE E. Thinking in Java [M]. Beijing：China Machine Press，2007.

[7] 戴尔. MySQL 核心技术手册 [M]. 北京：机械工业出版社，2009.

中英文术语对照表

简　　写	英　文　全　称	中　文　全　称
ADO	ActiveX Data Object	数据对象
ADP	Abiotic Depletion Potential	金属资源消耗
AHP	Analytic Hierarchy Process	层次分析法
AP	Acidification Potential	酸化影响
B/S	Browser/ Server	浏览器/服务器
BOM	Bill of Material	物料清单
CAD	Computer Aided Design	计算机辅助设计
CLCD	Chinese Life Cycle Database	中国生命周期基础数据库
CRM	Customer Relationship Management	客户关系管理
DAO	Data Access Object	数据访问对象
DDL	Data Definition Language	数据定义语言
DfA	Design for Assembly	面向装配的设计
DfC	Design for Cost	面向成本的设计
DfD	Design for Disassembly	面向拆卸的设计
DfE	Design for Environment	面向环境的设计
DfM	Design for Manufacturing	面向制造的设计
DfX	Design for X	面向 X 的设计
DML	Data Manipulation Language	数据操作语言
DOE	Design of Experiment	实验设计
DSM	Design Structure Matrix	设计结构矩阵
EEC	Embedded Energy Consumption	嵌入式能源消耗
ELCD	European Life Cycle Database	欧盟全生命周期基础数据库
EP	Eutrophication Potential	水体富营养化
ErP	Energy-related Products	耗能产品生态设计指令
ERP	Enterprise Resource Planning	企业资源规划
E-R	Entity-Relationship	实体—联系
FEC	Fossil Energy Consumption	化石能源消耗
FSF	Function-Structure-Feature	功能—结构—特征
GF	Green Feature	绿色特征
GWP	Global Warming Potential	全球变暖
HE	Human Ecotoxicity	人体生态毒性
HoQ	House of Quality	质量屋

简　　写	英　文　全　称	中　文　全　称
IPO	Input-Process-Output	输入—处理—输出
LCA	Life Cycle Assessment	生命周期评估
MADM	Multiple Attribute Decision Making	多属性决策
MDO	Multidisciplinary Design Optimization	多学科设计优化
MES	Manufacturing Execution System	制造执行系统
MOP	Multi-objective Optimization Problem	多目标优化问题
MRR	Material Remove Rate	材料移除率
ODBC	Open Database Connectivity	开放数据库互联技术
PLM	Product Lifecycle Management	产品生命周期管理
QFDE	Quality Function Deployment for Environment	环境质量功能配置
QFD	Quality Function Deployment	质量功能展开
RI	Respiratory Inorganics	可吸入无机物
RoHS	The Restriction of the use of Certain Hazardous Substances in Electrical and Electronic Equipment	电子电器中某些有害物质限值使用指令
RSM	Response Surface Methodology	响应面方法
SCM	Supply Chain Management	供应链管理
SEC	Specific Energy Consumption	比能耗
SOA	Service-Oriented Architecture	面向服务的开放式架构
SQL	Structured Query Language	结构化的查询语言
TOPSIS	Technique for Order Preference by Similarity to an Ideal Solution	逼近理想解排序法
WRC	Water Resource Consumption	水资源消耗